人工智能

技术原理与应用实践研究

韩文源　康　超　朱彦华◎主编

四川科学技术出版社

图书在版编目（CIP）数据

人工智能技术原理与应用实践研究 / 韩文源，康超，朱彦华主编 . -- 成都：四川科学技术出版社，2024.5
ISBN 978-7-5727-1372-9

Ⅰ . ①人… Ⅱ . ①韩… ②康… ③朱… Ⅲ . ①人工智能－研究 Ⅳ . ① TP18

中国国家版本馆 CIP 数据核字（2024）第 108309 号

人工智能技术原理与应用实践研究
RENGONG ZHINENG JISHU YUANLI YU YINGYONG SHIJIAN YANJIU

主　　编　韩文源　康　超　朱彦华

出 品 人　程佳月
选题策划　鄢孟君
责任编辑　潘　甜
助理编辑　叶凯云
封面设计　星辰创意
责任出版　欧晓春
出版发行　四川科学技术出版社
　　　　　成都市锦江区三色路 238 号　邮政编码　610023
　　　　　官方微博　http://weibo.com/sckjcbs
　　　　　官方微信公众号　sckjcbs
　　　　　传真　028-86361756
成品尺寸　170 mm×240 mm
印　　张　8.5
字　　数　170 千
印　　刷　武汉市卓源印务有限公司
版　　次　2024 年 5 月第 1 版
印　　次　2024 年 5 月第 1 次印刷
定　　价　65.00 元

ISBN 978-7-5727-1372-9

邮　　购：成都市锦江区三色路 238 号新华之星 A 座 25 层　邮政编码：610023
电　　话：028-86361770

人工智能是研究、开发用于模拟、扩展人类智能的计算机领域的一项新技术，由人工智能原理、方法、技术及应用系统等部分组成。它是在计算机、控制论、信息论、数学、心理学等多种学科相互融合的基础上发展起来的一门交叉学科。随着互联网的发展和计算机性能的不断提升，人工智能在强化学习、深度学习等方面取得了巨大进步，形成了智能机器人、语言识别、模式识别、图像识别、专家系统、自然语言处理等诸多研究方向，呈现出多元化的发展态势。人工智能是人类社会发展到一定程度的科技产物，也是自动化发展的必然趋势，智能化将成为继机械化、自动化之后的又一个新技术领域。

时代的进步与发展，人类对提高生活质量的需求，人工智能技术内部的自我突破，等等，都推动着人工智能的发展。相关研究者意识到了人工智能的发展变化，对人工智能原理进行了深入探究，以期以新的理论研究成果为人工智能理论注入新的活力，同时进一步拓展人工智能应用的范围，最终推动人类社会的发展。因此，世界各国纷纷投入大量的人力、物力及财力，希望在人工智能研究领域占据优势。现阶段，中国的人工智能技术实现了重大突破，还实现了产业化发展，催生了不少人工智能企业。

虽然目前我国的人工智能技术已经有了不错的发展，但未来的发展和壮大还需要一代代人的继续努力，这样才能在技术上获得主动权，也才能将它的优势充分发挥出来。因此，发展人工智能一定要通过不断研究来充实理论知识，不断开发新的科技产品进行技术上的实践，不断增加优秀科技产品类型以开拓人工智能市场，让人工智能技术能更好地为人类和社会服务，切实提升人工智能市场的社会效益和经济效益，推动我国科学技术发展，增强我国的综合实力。

目 录
CONTENTS

第一章 人工智能概述

第一节 人工智能的定义与内涵

一、人工智能与图灵测试

源于对自然和人类自身的崇拜,创造具有智能的人工造物的幻想,长久地存在于人类的历史中。因为20世纪杰出的天才之一艾伦·图灵,这种幻想逐渐在现实中变得清晰起来。

图灵工作的起点是对数理逻辑的研究,尤其是对当时数学界尚未解决的难题之一——可判定性问题的研究。

凭借卓越的数学天赋和研究热情,1936年,图灵在《论可计算数及其在判定问题上的应用》一文中,提出了一种划时代的研究策略——通过他设想的计算机器(Computing Machine)来研究可判定性问题。"计算机器"这一概念的影响一直延续至今,甚至在可以预见的未来,这段传奇仍将继续,因为计算机的发展很难脱离"图灵机"的概念体系。

(一)智能的载体:计算机器

在人工智能真正开始现代意义上的科学研究之前,机器作为人类社会体力劳动部分中极其重要的成员,已经广泛地参与到人类社会活动中。影响深远的机械论更是将人体的智能活动划定为机械活动,但机器的金属机械化结构和人体的有机结构之间的区别,让无数对智能人造物感兴趣的学者望而生畏。机器能够思考吗? 这一问题就成了研究智能人造物领域中的最基本也是最重要的一道门槛。

在这里引用一段以图灵的传记《艾伦·图灵传:如谜的解谜者》为基础改编的电影《模仿游戏》中的一段经典台词。

诺克：它们能吗？机器能够像人类一样思考吗？

图灵：大部分人说不能。

诺克：你不是大部分人。

图灵：但问题是你在问一个愚蠢的问题。

诺克：是吗？

图灵：机器当然不能"如人类一样"思考。机器与人类是不同的，因此，它的思考方式也不同。有趣的问题是，只是因为某一事物与你的思考方式不同，就意味着它不思考？大多数人相信机器从根本上比人类低等。但如果并非如此呢？如果它们只是与我们不同呢？

对于这种不同，图灵认为机器能够应用于"思考"什么样的问题呢？它又是如何向人类解释自己"思考"的方式呢？对于第一个问题，在《论可计算数及其在判定问题上的应用》一文中，图灵开创性地将机器应用于数理逻辑的智能领域，并在文章中进一步讨论了将机器计算推广到通用计算的思想。第二个问题是本书的核心之一，因为《论可计算数及其在判定问题上的应用》一文中讨论的计算机器的思想和通用机的思想，对后来人工智能的功能模拟和结构模拟都具有重要的影响。

图灵在研究计算机器时，大胆地使用了一个比喻，将人与机器联系了起来。"可以将一个进行实数计算的人，比作一台只能处理有限种被称为'm-配置'（记为 $q_1, q_2, q_3, \cdots, q_n$）的情况的机器。这台机器依靠从中穿过的'纸带'（与纸类似）运行，纸带又被分成一个一个的部分（被称作'方格'），每个方格中都能存储一个符号。在任意时刻，有且仅有一个方格，例如，第 r 个方格，其中的符号 $S(r)$ 被认为是正在机器中。我们称该方格为扫描格，扫描格中的符号称为已扫描符。可以认为，已扫描符是机器当前唯一可以直接认知的内容。尽管如此，通过改变m-配置，机器可以有效地记住之前'看到'（已扫描）的符号。任意时刻，机器可能的行为都是由m-配置和已扫描符号 $S(r)$ 决定的。当前这对 q_n 和 $S(r)$ 的组合将被称为配置。因此，配置决定了机器可能的行为。在某些配置中，扫描格是空的（即没有任何符号），机器会在这个扫描格中写入一个新的符号，在其他的配置中它会擦除已扫描符。机器也可以改变正在扫描的方格，但只能通过将其移动到右边或左边。除了这些操作之外，m-配置也可能发生变化。某些已写入的符号将会组成一个符号序列，该符号序列即为当前以小数形式进行计算的实数;另一些则只是帮助记忆的草稿。只有这些草稿才易于消除。我认为这些操作包含了数字计算中用到的所有操作。"

在完全展示图灵定义的计算机器之前,还需要说明一点,当描述配置是否决定一台机器的行为时,图灵使用了"可能"一词,因为图灵认为机器分为两种类型:自动机和决策机。如果机器在每个阶段的行为都完全由配置决定,我们称这样的机器为自动机(或a-machine)。出于某些目的,我们使用那些配置只能部分决定行为的机器(决策机或c-machine)。

"如果一台自动机打印两种符号,第一种符号(被称为数字)完全由0和1组成(其他符号被称为第二种符号),那么这样的机器就被称为计算机器……在机器运行的任何阶段,被扫描方格的编号、纸带上所有的符号序列及m-配置,被称为该阶段的完整配置。两个连续的完整配置之间机器和纸带的变化,被称为机器的'行为'。"

(二)机器行为的数字化

毫无疑问,图灵意识到,在一篇数学论文中介绍一台想象中的计算机,这种做法既新颖又大胆。正如一位优秀的数学家所做的那样,图灵给出了这种机器的定义和形式化的描述。为了进一步解释他定义的计算机器,图灵给出了一些机器运行的示例。

第一,构造计算序列010101…的机器,这台机器可以打印0和1。第二,机器有四种m-配置:B、C、K、E。第三,机器有四种操作:R,立刻向扫描格的右侧方格移动,并扫描;L,立刻向扫描格的左侧方格移动,并扫描;E,擦除扫描格中的符号;P,打印符号。该机器形式化的框架如表1-1所示:机器配置包括m-配置列和符号列两部分;该配置执行列操作指令,操作结束后将会生成这一阶段的最终状态m-配置。如果符号列留空,则可以认为操作列和最终状态m-配置适用于任何符号及没有符号的情况。当计算序列010101…的机器在空白纸带上运行时,将从m-配置的b开始,其框架见表1-2,按照框架进行的计算行为表达在纸带上。如果单次操作允许出现多次R或L,那么表1-2将能够简化为表1-3。

表1-1 机器形式化框架

配置		行为	
m-配置	符号	操作	终态m-配置

表1-2 运行框架

配置		行为	
m-配置	符号	操作	终态m-配置
B	None	P_0, R	C
C	None	R	K
K	None	P_1, R	E
E	None	R	B

表1-3 简化框架

配置		行为	
m-配置	符号	操作	终态m-配置
	None	P_0	B
B	0	R, R, P_1	B
	1	R, R, P_0	B

通过研究上文描述的简单实例可知,序列010101…的机器是由表1-3中的配置-行为框架决定的。事实上,图灵认为任何可计算序列都可以通过这样的框架来描述。但图灵认为类似表1-3的框架应该进一步转化成一种标准形式。首先给所有的m-配置编号:$q_1, q_2, q_3, \cdots, q_n$,初始m-配置为$q_1$;其次给所有的符号编号:$S_1, S_2, \cdots, S_j$,$S_0, S_1$表示0,$S_2$表示1。现在可以将表1-2中的配置-行为框架重建,如表1-4所示。

表1-4 配置—行为框架

配置		行为		
m-配置	符号	操作	终态m-配置	类型
q_i	S_j	$PS_{kq}L$	q_m	(N_1)
q_i	S_j	$PS_{kq}R$	q_m	(N_2)
q_i	S_j	PS_k	q_m	(N_3)

通过这种方法,配置-行为框架被简化为三种类型:(N_1),(N_2)和(N_3)。对于形式为(N_1)的一行内容,可以整理为一个表达式:$q_i S_j S_k q_m$;同理,形式为(N_2)

的一行内容,表达式为 $q_iS_jS_kRq_m$;形式为(N_3)的一行内容,表达式为 $q_iS_jS_kNq_m$,将机器配置–行为框架中的内容以表达式的形式记录下来,并用分号隔开,就得到了机器的完整描述。

以完整描述为基础,图灵对 q_i、S_j 进行了更明确的形式化表示,使用大写字母 D 和 A 来表示 q_i,下角标 i 由 i 个 A 来表示;使用大写字母 D 和 C 来表示 S_j,下角标 j 由 j 个 C 来表示。至此,机器的完整描述完全由字母 A、C、D、L、R、N 和";"组成,这种描述方式被图灵称作标准描述(Standard Description)。

如果进一步用阿拉伯数字 1、2、3、4、5、6 和 7 分别代替 A、C、D、L、R、N 和";",就能得到阿拉伯数字形式的机器的标准描述。由这些数字表示的整数被称作机器的描述数(Description Number)。

机器的描述数决定了机器的标准描述和结构,因此机器的描述数为 n 的机器也可以被描述为 $M(n)$。每个可计算序列至少对应一个描述数,但不存在一个描述数对应多个可计算序列的情况。

现在,让我们看看本节研究的 010101… 的机器如何用描述数来表示,将表 1–2 按照表 1–4 的形式进行表示,如表 1–5 所示。

表1-5 描述数转化操作

配置		行为	
m-配置	符号	操作	终态m-配置
q_1	S_0	PS_1, R	q_2
q_2	S_0	PS_0, R	q_3
q_3	S_0	PS_2, R	q_4
q_4	S_0	PS_0, R	q_1

将表 1–5 转换为机器的完整描述:"$q_1S_0S_1Rq_2$;$q_2S_0S_0Rq_3$;$q_3S_0S_2Rq_4$;$q_4S_0S_0Rq_1$;",将完整描述转换为机器的标准描述:"DADDCRDN;DAADDRDNA;DANDDNRDAAN;DNAADDRDA;",因此,010101… 的机器的描述数就是"31332531173113353111 7311133225311117311111335317"。

至此,根据机器配置–行为框架就完全转化为只包含数字的形式,而这种形式才是计算机器能够运行的形式。

（三）万物皆数

21世纪，在信息技术的推动下已经真正进入了数字时代，几乎整个世界都已经投入数字信息之中，古希腊毕达哥拉斯学派提出的万物皆数的哲学命题，如今已然在我们的生活中实现，而实现它的思想先驱正是图灵创造的通用图灵机。

上文中图灵对机器行为进行了数字化研究，建立了特定机器行为的形式逻辑，沿着这一思路，图灵进一步认为"可以发明一台能够计算任何可计算序列的机器"，这种机器被命名为通用机图灵。

图灵认为"如果为机器V提供的纸带开端写入的是某台机器M的标准描述，那么机器V可以计算出与机器M相同的序列"。需要注意的是，与上文提到的只有输出的010101…的机器不同，这里的机器V要求先执行一次输入，这里的输入是机器M的标准描述，机器V得到输入的标准描述，然后输出与机器M相同的输出。因此，可以认为通用图灵机也是现代可编程计算机的思想先驱。

（四）计算机器与人的相似性

图灵在《论可计算数及其在判定问题上的应用》一文中定义可计算数时留下了一个尚未论证的结论："我们可以将一个进行实数计算的人，比作一台只能处理有限种被称为'm-配置'（记为$q_1, q_2, q_3, \cdots, q_n$）的情况的机器。"即"图灵机的计算能力等同于一个执行明确定义了的数学过程的人类计算者。"在该论文中，图灵进行了精彩的论述，《艾伦·图灵传：如谜的解谜者》的作者安德鲁·霍奇斯将其称为"有史以来数学类论文中最不寻常的部分"。

图灵认为，当时所有关于可计算数的范围的论据都没有令人满意的数学说服力。他列举了三类论据：①直觉的指导；②关于两种定义等价的证明；③给出大量可计算的示例。图灵认为，若一直承认所有的可计算数都是可以计算的，就能得出新的命题："如果存在可以判定希尔伯特判定问题是否可证明的通用过程，那么这个判定就可以用机器进行计算。"这一命题将直接证实《论可计算数及其在判定问题上的应用》提出的用机器证明方法的有效性。但在本书中，我们的注意力将集中在图灵思考机器智能的相关内容上，前面提到的三类论据中，图灵对第一个论据的阐述，表现出他对机器和人类智能之间联系的思考。

图灵认为，人类的计算通常是通过在纸张上书写某些符号来完成的，并且能够在不影响计算过程和结论的情况下,在一张一维的纸带上完成。他还认为人类的计算行为都由其所观察到的符号和当时的"思维状态"决定,因此他给出了两个限制性条件,即可使用的符号数和观察到符号时的"思维状态"数。首先,这样的限制能够在一定程度上避免在计算中出现无意义的差异量;其次,它并不会影响对复杂内容进行描述的需求,因为可以使用符号组成的序列表示复杂内容;最后,这也符合我们的经验。

如果把执行计算的人的计算操作分解成最基本、不可再分的"简单操作",则每个这样的操作,都是由执行计算的人和纸带组成的物理系统的变化组成的。如果我们知道纸带上的符号序列,就能够知道系统的状态,而这些都是根据执行计算的人及其思维状态决定的。图灵假设每一次"简单操作"仅执行一次符号变换,因此任何其他种类的符号变换都由简单符号变换组成。进行符号变换的方格与被观察的方格是一致的。因此,我们可以不失一般性地假设,符号变换的方格总是那些被观察的方格。

除了符号的变换,"简单操作"必须包括那些被观察方格的分布变化。新的被观察方格必须由执行计算的人立刻识别出来。图灵认为要实现这种识别,需要为当前被观察方格的可立即识别的最近相邻方格设置一个固定的范围值,如假设这个范围值为L个方格,即任何新的可立即识别的被观察方格都在L个方格之内。与可立即识别性相关,存在两种可立即识别方格,特别是被特殊符号标记的可立即识别方格。如果可立即识别方格被一个简单的符号标记,那么可以根据这一标记直接处理;如果可立即识别方格被符号序列标记,那么在处理该可立即识别方格之前,还需要先处理这个由符号序列组成的标记。

综上,可以给出"简单操作"的完整组成部分:"(a)改变一个被观察方格的符号;(b)将一个被观察方格移动到前一个被观察方格距离L格以内的位置上。"图灵认为"这些改变有可能涉及一系列思维状态的转变"。因此,通用的"简单操作"只能有两种情况:"一个可能的(a)型的符号改变及一个潜在的思维状态改变;一个可能的(b)型的被观察方格的改变及一个潜在的思维状态改变。"根据人类计算行为的两个决定性因素,图灵认为"在操作执行后,计算者的思维状态就确定了"。

至此,图灵认为能够构造出一台类似执行计算的人的机器。"对于执行计算的人的任意一个思维状态,机器都有相应的一个m-配置。对于执行计算的人观察B个方格,机器相应地扫描B个方格。对于任意一次运行,机器能够改变被扫描方格上的符号,或者将一个被扫描方格移动到距离其他被扫描方格不超过L格距离的位置。当移动完成后,后续的配置将由扫描符和m-配置决定……对于任意这一类机器,都可以构造一个计算机器去计算相同的序列,也就是由执行计算的人计算的序列。"

能够模拟执行计算的人的行为的机器,似乎已经被设计了出来,如果进一步大胆想象,机器能够模拟人的一切行为吗? 在《论可计算数及其在判定问题上的应用》中,图灵停止了这一方向的讨论,但在1950年发表的另一篇极具启发性的《计算机器与智能》一文中,与这一问题类似的问题"机器能够思考吗?"成了论文的核心。

(五)图灵测试

图灵在数理逻辑领域的研究,建立起了计算机器与人类计算者之间的等价联系,如果将这一联系推广到计算机器与人类智能之间是否还能成立? 一个关键性的问题是,如何能让一个人承认机器也会思考呢?"机器能够思考吗?"这一问题可与上文提过的电影《模仿游戏》中的一个观点联系到一起,"机器当然不能'如人类一样思考'。机器与人类是不同的,因此,它的思考方式也不同。有趣的问题是,只是因为某一事物与你的思考方式不同,就意味着它不思考? 大多数人相信机器从根本上比人类低等。但如果并非如此呢? 如果它们只是与我们不同呢? 直觉并不能提供令人信服的答案,我们需要一个可重复性的实验来实现机器智能与人类智能的对话,只有在相同或者对人类更有利的条件下证实机器智能的存在,才能提供令人信服的答案。"1950年,图灵在《计算机器与智能》一文中开创性地提出了一个具有可操作性的方法,即著名的"图灵测试"。

图灵测试的情形是:设想有一台计算机、一个志愿者和一个测试者。计算机和志愿者分别在两个房间中,测试者既看不到计算机,也看不到志愿者。测试者的目的就是通过提问,以判断哪个房间中的是计算机,哪个房间中的是志愿者。为防止通过非智力因素获取信息,测试者通过键盘提出问题,而计算机和志愿者均通过屏幕回答问题。测试者不允许从任何一方得到除了回答以外的任何信息。志愿者真实地回答问题,并试图说服测试者自己是人,而另一方是计算机。同样,计算机也努力说服测试者自己是人,对方是计算机。在对话测试后,若计算机通过了图灵测试,则认为计算机具有图灵测试下的智能。

人工智能的图灵测试于1950年由英国数学家图灵提出。在该测试中,人类裁判与一台计算机和一个测试者进行三方对话。如果裁判无法区别是来自人还是来自计算机的反应,则计算机通过该测试。

图灵的论点后来引起了广泛的争议,这里进行一些澄清工作是有必要的。可以把用图灵测试来测定智能时所涉及的问题分为两个方面,一个是技术方面,另一个是原则方面。从技术方面看,图灵的原始论文在许多细节上是不清晰的。首先,测试需要进行多长的时间才算分出胜负,三五分钟还是数日?如果时间太短,提问者从回答中得不出足够的信息;时间太长,机器可能死机,人可能累趴下。其次,交谈的内容是否有限定?再次,智力的高低是程度上的事情,某些人智力超群,某些人愚不可及,更多的人处于中间地带。一台机器可能骗过一个智力平平的提问者,但在一个专家面前却过不了几招。最后,提问者层面的主观因素显然会影响测试的结局。是随意指定提问者,还是需要做一定的选拔?所有这些问题都能引发人们思考图灵测试是否是一个切实可行的方案。当然图灵测试对人工智能这门学科的发展所产生的影响是功不可没的。

众所周知,计算机可以解决如复杂数字的计算、大规模数据库查找等问题,在人类不太擅长的领域,计算机可以发挥大作用。尽管人工智能研究者面临重大的挑战,但人们对于人工智能在现实世界中的应用仍有浓厚的兴趣,目前这种兴趣还在增长。在人工智能中已发展的问题求解方法正用于处理一些困难问题,在某些领域其性能比人类还要好。下面列举一些人工智能处理问题的例子:①在受限制的医疗诊断领域,一些系统的性能和人的一样好。②利用基于人工智能的规划实现机载自主推理的无人驾驶空间飞行器已经投入使用。③美国探测火星地表的机器人可以传送一些重要资料,便于我们了解火星,目前人类是无法登陆火星的,这只能靠机器来完成。④机器能过滤和识别新闻中不同类别的主题。⑤机器可以从人脸图像中识别出人。⑥很多游戏公司生产的游戏将人工智能技术应用到游戏中的智能体上。

以上只是人工智能正在处理的问题种类例子的一部分,它实现了人类智能在机器上的部分模拟。特别是在专业领域内,人工智能的更多优点会被进一步发掘出来,也许一场机器革命将要拉开序幕。

二、人工智能的内涵

(一)计算机与人工智能

最初研制计算机的目的就是模拟人类大脑的计算、处理功能而能够高速、高效地处理重复的事件,将来计算机的功能也一定会与人脑的功能越来越接近。人的大脑分成左右两个半球,即左脑和右脑,它们各有不同的功能。一般说来,左脑主要负责逻辑、推理、计算和存储等,而右脑主要负责音乐、绘画等形象思维。应该说,如果计算机能够分别拥有人类左脑和右脑的功能,再有一个负责协调的系统,就可以像人脑一样思考,但问题不只是这些。人脑具有自主学习、自动纠错的功能,当有突发事件发生时,人脑就能够根据已有的经验做出推理和判断,也就是人们常说的"随机应变"。IBM曾研制的"深蓝",号称世界上最聪明的计算机,其与国际象棋世界冠军对弈,虽然最后战胜了人,但在对弈期间,有许多专家在不停地对计算机进行调试,如果单靠计算机来计算,布局阶段可能还能支撑,可当人走出一些从未有过的变招时,计算机就会不知所措了。

人工智能研究者认识到,几乎全部人类智能活动的详细步骤都是未知的,这标志着人工智能开始作为计算机科学的一个分支出现。他们对各种不同的计算和计算描述方法进行了研究,力图既要创造出智能的人工制品,又要理解智能是什么。他们的基本思想是,人类的智能最好用人工智能程序来描述。

人类的智能活动伴随着人类活动到处存在。如果计算机能够执行如下棋、猜谜语等任务,就认为这类计算机具有某种程度的人工智能。能"思考"下棋的计算机程序,现有程序是十分成熟的,但是具有人类"专家"棋手水平的最好实验系统,下得却没有人类国际象棋大师那样好。该计算机程序对每个可能的走步空间进行搜索,即思考比赛中可供选择的各种走步及它们后面的几步,就像人类棋手所思考的一样。计算机能够同时搜索几千种走步,而人类棋手只能思考十来种走步。计算机不能战胜最好的人类棋手的原因在于:"向前看"不是下棋的一切,如果彻底搜索,走步太多;而替换走步也并不能保证一定能够获得比赛的胜利。人类棋手在不必彻底搜索走步的情况下也能够胜利,这是人类"专家"棋手所具有的不能解释的能力之一。

简单来说,用计算机来表示和执行人类的智能活动就是人工智能,没有计算机的出现,人工智能就无法得到应用。

(二)人工智能与人类智能的本质区别

具有机器思维的人工智能与具有人类思维的人类智能,两者之间具有本质的区别。

1.二者的物质载体不同

人类智能的物质载体是人的大脑,人工智能的物质载体则是计算机这一人脑的模拟物。

2.二者的活动规律不同

人脑的活动,是按照高级神经活动规律进行的;计算机则是按照机械的、物理的和电子的活动规律进行的。二者的差别不是程度上的差别,而是本质上的差别。

3.二者的适应性不同

人类认识世界和改造世界的活动是有目的、能动的,在与外部环境的物质、能量和信息交换的过程中,能够根据环境的变化不断调整自身,具有适应性。但人工智能是无意识、无目的的,没有主观能动性和适应性,只能按照人为设计的程序运行,机械地模拟人的智力活动,却毫不理解这一活动,更不会提出新问题、研究新问题、解决新问题。

4.二者的认知能力不同

人类智能或人类的认知能力,只是影响人类意识的一个因素。人的意识的产生和形成不只受人的认知能力的影响,还受情感、情绪、意志及性格等因素综合作用的影响。人工智能则是对人的认知能力的部分模拟,不受情感、情绪、意志等因素的影响。人的心理活动或者认知的过程和计算机相比有很大的不同。人的心理活动的最高层级是思维策略,中间层级是初级信息处理,最低层级是生理过程,即中枢神经系统、神经元和大脑的活动,与各层级相应的是计算机程序、语言和硬件。研究认知过程的主要任务是探求最高层级思维策略与中间层级初级信息处理的关系,并用计算机程序来模拟人的思维决策水平,用计算机语言来模拟人的初级信息处理过程。

可以说,人类智能的局限性正是人工智能的优越性所在,人工智能的局限性正是人类智能的优越性所在,"人在质的思考方面胜过机器,而机器则在量的方面胜过人",二者是互补互动的。人类发明计算机的动因,正是基于对人脑的一些局限性的认识,以及在科学研究与生产实践中,解决用人力很难解决的问题的迫切需要。人工智能的产生和发展为人类智能提供了新的时间和空间尺度,给人类提供了一个新的创造领域。随着技术的进步,计算机应用的深度和广度不断发展,许多原本是人类思维主要发挥作用的领域,也开始应用人工智能,如专家系统、模式识别、定理证明、问题求解及自然语言理解等。但是,如果由此认为计算机的应用不存在技术性的界限,认为人工智能可以代替人的思维,则是没有根据的。

(三)人工智能的特点

作为一项模拟人类智能的计算机技术,人工智能具有以下特点。

1.人工智能具有感知能力

这是人工智能最基本的特点,这种机器感知要求智能机器具有类似于人的感知能力,即能够通过视觉、听觉、触觉、嗅觉等感知外部世界。根据这一特点已经专门形成一些研究领域,譬如自然语言理解领域,它的研究目标就是提高智能机器视觉、听觉感知能力,让智能机器理解人类日常书面口头语言,实现人机交互。

2.人工智能具有思维能力

具有一定智能的系统不仅能够记忆、存储感知到的外部信息,同时还能结合自己的内部信息对外部信息进行思维加工,在这个思维加工过程中涉及基本技术的运用,如知识表示技术、搜索技术、推理技术、归纳技术和联想技术,这些模拟人类思维的过程正是智能思维运作的方式。

3.人工智能具有学习能力

这也是判断机器是否具有智能的重要标志,这个特点能够使智能机器像人一样自动获取新知识、在实践中提高能力、适应环境的不断变化。目前人类已经根据对自身学习能力的认识研究出了一些机器学习方法,如记忆学习、归纳学习、发现学习、解释学习、联结学习等。

4.人工智能具有行为能力

如果把感知能力看成智能机器或智能系统的输入功能模块,那么行为能力便是输出功能模块,如让智能机器人根据人类的意愿执行相应的任务,作用于外部世界;再如智能控制就是结合人工智能技术与传统自动控制技术,在不需要人工干预的情况下独立地利用智能机器进行目标控制。

(四)人工智能的研究目标

人类智能涉及信息描述和信息处理,过程复杂,因而实现人工智能是一项艰巨的任务。尽管如此,这门学科还是引起了许多科学和技术工作者的浓厚兴趣,特别是在计算机科学和技术飞速发展及计算机应用日益广泛的情况下,许多学者认为实现人工智能的手段已经具备,人工智能已经开始走向实践阶段。

研究人工智能主要有两条途径。一条是心理学家、生理学家认为大脑是智能活动的物质基础,要揭示人类智能的奥秘,就必须弄清大脑的结构,也就是要从大脑的神经元模型着手研究,搞清大脑信息处理过程的机理,这样人工智能实现过程中的难题就可以迎刃而解。显然,由于人脑有上百亿个神经元,而且现阶段要进行人脑的物理模拟实验还很困难,因而完成这个任务极其艰巨。但可以看出这一学派是企图创立"信息处理的智能理论"作为实现人工智能的远期研究目标,这个观点是值得重视的。另一条是计算机科学家提出的从模拟人脑功能的角度来实现人工智能,也就是通过计算机程序的运行,从效果上达到和人类智能行为活动过程相类似作为研究目标,因而这一派的学者只是局限于解决"建造智能机器或系统为工程目标的有关原理和技术"作为实现人工智能的近期目标,这个观点比较实际,目前也引起了较多人的注意。

人工智能研究的远期目标与近期目标是相辅相成的。远期目标为近期目标指明了方向,而近期目标的研究为远期目标的最终实现奠定了基础,做好了理论及技术上的准备。另外,近期目标的研究成果不仅可以造福当代社会,还可以进一步增强人们对实现远期目标的信心,消除疑虑。

最后还应该说明,近期目标和远期目标之间并没有严格的界限。随着人工智能技术研究的不断发展,近期目标将不断变化,最终会向远期目标靠近。科学家现在在很多领域取得的辉煌成就,充分说明了这一点。

(五)人工智能中的通用问题求解方法

为了更好地理解到底什么是人工智能,可以通过具体的问题来进一步说明。人工智能中的问题常常用到一个词——"状态"。即一个智能系统在求解问题的过程中,在某一步骤、某一时刻解答问题的状况。因此,问题的答案就是问题状态的汇集。

十五数码难题是一个十分适合说明问题求解的例子,它由15个编有数码(1~15)并放在4×4方格棋盘上的可走动的棋子组成,棋盘上总有一格是空的。在这类问题中,对初始情况和目标情况都是明确规定了的。

首先,把适用的操作符用于初始状态,以产生新的状态;其次,把适用的操作符用于这些新的状态,这样继续搜索下去,直到产生目标状态为止。在这个过程中,产生的状态数量越少,人工智能算法就越好。那么怎样控制状态的生成呢?事实上,可以通过设计一些控制策略来实现:从大量的由初始状态或中间状态产生的合理状态中删除一些状态,保证正确的状态可以不被删除,很多智能搜索算法可以实现这样的控制策略。

第二节 人工智能的发展

自从1956计算机专家约翰·麦卡锡在美国达特茅斯会议上提出"人工智能"后,研究者就发展了众多理论和原理,人工智能的概念也随之扩展。人工智能是一门极富挑战性的学科,虽然它的发展比预想的要慢,但一直在前进,从提出到现在,已经出现了许多人工智能程序,这些程序也影响了其他技术的发展。回顾人工智能的产生和发展过程,可大致分为孕育期、摇篮期、形成期、发展期、实用期和稳步增长期。

一、孕育期

人工智能的孕育期大致是在1956年以前。这一时期的主要成就是数理逻辑、自动机理论、控制论、信息论、神经计算、电子计算机等学科的建立和发展,为人工智能的诞生提供了理论和物质基础。

虽然计算机为人工智能的诞生提供了必要的技术基础,但直到20世纪50年代早期,人们才注意到人类智能与机器之间的联系。维纳是最早研究反馈理论的学者之一,是控制论的创始人。最熟悉的反馈控制的例子是自动调温器。维纳将收集到的房间温度与希望的房间温度进行比较,并做出反应——将加热器开大或关小,从而控制环境温度。这项研究的重要性在于:维纳从理论上指出,所有的智能活动都是反馈机制的结果,而反馈机制是有可能用机器模拟的。这项发现对早期人工智能的发展影响很大。

被称为"人工智能之父"的图灵证明了使用一种简单的计算机制从理论上能够处理所有问题，从而奠定了计算机的理论基础，并且他也因此成名。不仅如此，在1950年的杂志上，他预言简单的计算机能够回答人的提问，并且能够下棋。麻省理工学院的香农于1949年提出了下国际象棋的计算机程序的基本结构。卡内基梅隆大学的纽厄尔和赫伯特·西蒙从心理学的角度研究人是怎样解决问题的，提出了问题求解的模型，并用计算机加以实现。他们发展了香农的设想，编制了下国际象棋的程序。

1955年末，纽厄尔和西蒙编写了一个名为"逻辑理论家"（Logic Theorist）的程序。这个程序被许多人认为是第一个人工智能程序。它将每个问题都表示成一个树形模型，然后选择最有可能得到正确结论的那一根"树枝"来求解问题。"逻辑理论家"对公众和人工智能研究领域产生的影响使它成为人工智能发展中一个重要的里程碑。

二、摇篮期

达特茅斯会议后的7年里，人工智能研究开始快速发展。虽然这个领域还没被明确定义，但会议中的一些思想已被重新考虑和使用了。卡内基梅隆大学和麻省理工学院开始组建人工智能研究中心。研究面临新的挑战：下一步需要建立能够更有效解决问题的系统，例如在"逻辑理论家"中减少搜索，还有就是建立可以自我学习的系统。

1957年，制作"逻辑理论家"的同一个小组开发了一个新程序"通用问题求解器"，并对"通用问题求解器"的第一个版本进行了测试。GPS扩展了维纳的反馈原理，可以解决很多常识问题。两年以后，IBM成立了一个AI研究组。

麻省理工学院的麦卡锡，在理论研究的基础上设计了LISP语言，这是一种适用于字符串处理的语言。字符串处理的重要性是从纽厄尔等人编制问题求解程序时被人们所认识的，那时他们使用的语言后来成为LISP语言的前身。麦卡锡的LISP语言成为后来AI研究所用语言的基础。

三、形成期

在麻省理工学院，专家使用LISP语言编制了几个问答系统。博布罗开发了解决用英文书写的代数应用问题的STUDENT系统。问题本身是高中程度的，是采用自然语言描述的。拉斐尔开发了能够存储知识、回答问题的SIR系统。如果告诉它"人有两条胳臂""一条胳臂连着一只手"和"一只手上有五根手指",它就能够正确地回答"一个人有几根手指"等问题。虽然输入句型受到严格的限制,但它能够通过推理来回答问题。

在逻辑学方面,鲁滨孙发表了使用逻辑表达式表示的公理,机械地证明给定的逻辑表达式的方法,它被称为归结原理,对后来的自动定理证明和问题求解的研究产生了很大的影响。现在有名的程序设计语言PROLOG也是以归纳原理为基础的。

当人工智能各领域的基础建立起来时,美国各主要研究所开始研究综合了各种技术的智能机器人。在麻省理工学院和斯坦福大学,着重于观察、识别积木和制作简单的结构件等,而SRI研究的机器人Shakey能够观察房间、躲开移动的障碍物、推运物体等。给机器人下达简单的命令,如"把物体B拿到房间A去",机器人自己就能制定出详细的作业计划。研究智能机器人的目的不在于创造能够代替人工作的机器人,而在于证实人工智能的能力。以研究智能机器人为名,问题求解的理论研究也在发展,和机器人没有直接关系的复杂作业过程的研究也在发展。此外,利用积木的边线确定三维积木的理论也建立起来了。

这个时期最大的人工智能研究成果是涉及语义处理的自然语言处理(英语)的研究。麻省理工学院的研究生威诺格拉德开发了能够在机器人世界进行会话的自然语言系统SHRDLU。它不仅能分析语法,而且能够分析语义解释不明确的句子,对提问通过推理进行回答。在第一届国际人工智能会议召开之际,人工智能作为一个学术领域得到了承认。

斯坦福大学也成立了人工智能实验室,SRI也成立了推进AI课题的组织。卡内基梅隆大学稍微晚一些,在1970年左右开始在计算机系内研究人工智能。麻省理工学院、斯坦福大学和卡内基梅隆大学被称为人工智能和计算机科学的三大中心。

四、发展期

从1970年初到1979年左右,人工智能得到了广泛的研究。在计算机视觉方面的研究中,不仅使机器人能识别积木和室内景物,而且还能处理机械零件、室外景物、医用相片等对象所使用的视觉信息。这种视觉信息不仅包括颜色深度,而且包括不同的颜色和距离。在机器人的控制方面,使用触觉信息和受力信息来控制机械手的速度和力。

受威诺格拉德研究的影响,自然语言的研究也多了起来。和SHRDLU那样局限于机器人世界的系统相比,后来的研究则把重点放在处理较大范围的自然语言上。人在使用语言交流思想的时候,是以对方具有某种程度的知识为前提的。因此,会话中省略了对方能够正确推断的内容。而计算机为了理解人的语言,需要具备很多知识。因此,后来的自然语言处理主要研究如何在计算机内有效地存储知识,并且根据需要使用它。

在自然语言理解和计算机视觉领域,明斯基考查了知识表示和使用方法的各种实现方法,提出名为"框架"的知识表示方法,作为各种方法共同的基础。框架理论为许多研究者所接受,出现了适合于使用框架的程序设计语言FRL(Frame Representation Language)。

以知识利用为中心的另一研究领域是知识工程。它把熟练技术人员或医生的知识存储在计算机内,并用以进行故障诊断或者医疗诊断。1973年,费根鲍姆在斯坦福大学开始研究HPP(启发式程序设计计划),研究其在医学方面的应用,几年间试制了几个系统,其中最有名的是肖特利夫开发的MYCIN(计算机医疗咨询系统)。肖特利夫从哈佛大学数学系毕业后,考入斯坦福大学医学系,取得了医师的资格。同时,他和费根鲍姆等人协作,三年间完成了MY-CIN的研究。MYCIN采用与自然语言相近的语言进行对话,具有解释、推理过程的机能,为后来的研究提供了样本。

在这样的背景下,在1977年第五届国际人工智能会议上,费根鲍姆提议使用"知识工程"这个名词。他说:"人工智能研究的知识表示和知识利用的理论,不能直接地用于解决复杂的实际问题。知识工程师必须把专家的知识变换成易于计算机处理的形式加以存储。计算机系统通过利用知识进行推理来解决实际问题。"从此之后,处理专家知识的知识工程和利用知识工程的应用系统(专家系统)大量涌现。专家系统可以预测在一定条件下某种解的概率。由于当时计算机已有巨大容量,专家系统有可能从数据中得出规律。专家系统的市场应用很广,被用于股市预测,帮助医生诊断疾病,以及指示矿工确定矿藏位置等。这一切都因为专家系统存储规律和信息的能力而成为可能。

五、实用期

自20世纪80年代以来,人工智能的各种成果已经作为实用产品出现。在实用这一点上,出现最早的是工厂自动化中的计算机视觉、产品检验、IC芯片的引线焊接等方面的应用。但这些都是各公司为了在公司内部使用,作为一种生产技术所开发的,而作为一种产品进入市场还是20世纪80年代以后的事情。例如,20世纪70年代SRI开发的计算机视觉系统,在20世纪80年代以后,由风险投资企业机器智能公司商品化。

典型的人工智能产品最早要数LISP机,其作用是用高速专用工作站把以往在大型计算机上运行的人工智能语言LISP加以实现。麻省理工学院从1975年左右开始试制LISP机,作为一种副产品,一部分研究者成立了公司,最先把LISP机商品化。美国主要的人工智能研究所最先购入LISP机,随后用户范围逐渐扩大,随后,各种程序设计语言也商品化了。除此之外,还有作为人机接口的自然语言软件(英语)、CAI(Computer Aided Instruction)、具有视觉的机器人等也相继商品化。在各公司内部使用的产品中,GE公司的机车故障诊断系统和DEC公司的计算机构成辅助系统是很有名的。

此外,随着专家系统应用的不断深入,专家系统自身存在的知识获取难、知识领域窄、推理能力弱、智能水平低、没有分布式功能、实用性差等问题逐步暴露出来。日本、美国、英国和欧洲其他国家所制订的那些针对人工智能的大型计划多数执行到20世纪80年代中期就开始面临重重困难,人们已经看出其达不到预想的目标。进一步分析便发现,这些困难不只是个别项目的制订有问题,而是涉及人工智能研究的根本性问题。

总的来讲有两个问题:一是所谓的交互(Interaction)问题,即传统人工智能方法只能模拟人类深思熟虑的行为,而不包括人与环境的交互行为;另一个问题是扩展(Scaling up)问题,即所谓的大规模的问题,传统人工智能方法只适合于建造领域狭窄的专家系统,不能把这种方法简单地推广到规模更大、领域更宽的复杂系统中去。这些计划的失败,对人工智能的发展是一个挫折。于是到了20世纪80年代中期,人工智能特别是"专家系统热"大大降温,进而导致了一部分人对人工智能的前景持悲观态度,甚至有人提出人工智能的冬天已经来临。

六、稳步增长期

尽管20世纪80年代中期人工智能研究的"淘金热"跌到谷底,但大部分人工智能研究者都还保持着清醒的头脑。一些学者早就呼吁不要过于渲染人工智能的威力,应多做些脚踏实地的工作,甚至在这个"淘金热"到来时就已预言其很快就会降温。也正是在这批人的领导下,大量扎实的研究工作接连不断地进行,从而使人工智能技术和方法论的发展始终保持了较高的速度。

20世纪80年代中期的降温并不意味着人工智能研究停滞不前或遭受重大挫折。自那以后,人工智能研究进入稳健的线性增长时期,而人工智能技术的实用化进程也步入成熟时期。

第二章 人工神经网络原理及应用

人工神经网络（Artificial Neural Network，ANN）是在模拟大脑神经元和神经网络结构、功能基础上建立的一种现代信息处理系统。它是人类在认识和了解生物神经网络的基础上，对大脑组织结构和运行机制进行抽象、简化和模拟的结果。其实质是根据某种数学算法或模型，将大量的神经元处理单元，按照一定规则互相连接而形成的一种具有高容错性、智能化、自学习和并行分布特点的复杂人工网络结构。本章主要对人工神经网络进行了概述，分析人工神经网络的浅层模式和深层模型，并系统探讨浅层学习方法和深度学习方法。

第一节 人工神经网络概述

一、人工神经网络的特点

人工神经网络是由大量节点相互连接构成的具有信息响应的网状拓扑结构，可用于模拟人脑神经元的活动过程，它反映了人脑功能的基本特性，包括诸如信息加工、处理和储存等过程。人工神经网络的特点有以下几个。

（一）非线性

人工神经网络可以很好地处理非线性问题，是因为其内部的组成单元——神经元可以处于激活或抑制两种不同的状态，这种行为在数学上的理解就是具有非线性。同时，人工神经网络是大量神经元的集体行为，并不是单个神经元行为的简单相加，所以会表现出复杂非线性动态系统的特性。在实际问题处理中，输入与输出之间会存在复杂的非线性关系，通过设计人工神经网络对系统输入输出样本进行训练学习，可以任意精度去拟合逼近复杂的非线性函数,解决环境信息十分复杂、知识背景不清楚和推理规则不明确的一些问题。

(二)容错性和联想记忆能力

在生物系统中信息不是存储在某个位置,而是按内容面分布在整个网络上。人工神经网络中的某个神经元不是只存储一个外部信息,而是存储多种信息的部分内容。因为人工神经网络具有这种分布储存形式,所以如果网络中部分神经元遭到损坏,并不会对整体造成较大影响。再者,将处理的数据信息储存在神经元之间的权重中,这就类似于大脑对信息的储存是在突触之间的活动当中。这种分布式存储算法是将运算与存储合为一体,当信息不完整的时候,就可以通过联想记忆对其进行恢复,所以说人工神经网络具有强大的容错性和联想记忆能力,可以在不完整的信息和干扰中进行特征提取并复原成完整的信息。

二、人工神经网络应用

(一)模式识别

模式识别技术是通过构造一个分类模型,或者建立一个分类函数,将待处理数据集体映射到给定的类别空间中,以便进行描述、辨识、分类和解释的技术,是信息科学和人工智能的重要分支。

人脸识别和指纹识别是进行身份识别的生物识别技术,是基于人的脸部和指纹特征信息,用摄像机或摄像头采集含有人脸和指纹的图像或视频流,并在图像库中检测和跟踪,进而对检测到的人脸和指纹进行识别的技术。人脸和指纹识别系统的研究始于20世纪60年代,80年代以后,随着计算机技术和光学成像技术的发展,人脸和指纹识别系统得到了改进。人脸和指纹识别系统成功的关键在于是否拥有高级的核心算法,而人工神经网络在识别上的优势在于可以通过学习,获得对于图像规则隐形的一种表达,从而避免进行复杂的特征提取,有利于硬件的实现。研究者运用时下流行的深度学习,通过扩展网络结构,增加训练数据,以及在每一层都加入监督信息的方法,在人脸识别领域已经达到99.47%的识别率。

语音识别传统的方法主要利用高斯混合模型等传统模型对声学的低层特征进行提取,进而识别语音所对应的文字,语音识别的正确率仅有75%,难以达到实用水平。而基于深度人工神经网络的语音识别系统,语音识别的正确率可以达到82.3%。采用深度人工神经网络框架结构,能够将连续的特征信息结合构成高维特征,通过高维特征样本对深度人工神经网络模型进行训练。

由于深度人工神经网络采用了类似人脑逐层进行数据特征提取的工作方式,因此更容易得到适合进行模式分类处理的理想特征。

(二)预测评估

预测评估是根据客观对象的已知信息对事物或事件在将来的某些特征、发展状况进行科学测算和评估的活动。具体来说,就是运用各种定性和定量的分析理论与方法,对事物未来发展的趋势和水平进行推测和评价。

人工神经网络用于预测评估,就是利用人工神经网络模仿生物神经网络进行学习、训练、联想、存储的能力,根据已有的数据样本对事物或事件在未来发展的趋势和水平进行预测和评价。目前,人工神经网络在市场预测、风险评估、交通运输预测估计等方面都有很广泛的应用。

对市场的预测分析,可理解为对影响市场供求关系的诸多因素的综合分析。传统的统计经济学方法很难对价格变动做出科学的预测,而人工神经网络则较容易处理不完整的、不确定的或规律性不明显的一些数据,具有传统方法无法比拟的优势。常见的市场预测估计参量有:营收、价格、股票、产量、销售量等。

疾病预测是人工神经网络在医学领域应用的一个典型代表,它可以根据人体生物信号的表现形式和变化规律,去预测和评估疾病的发生概率和可能性,可以在病情未完全爆发之前提早预防和治疗,如癌症病人在病发早期会出现呼吸困难、乏力、疼痛、衰弱、厌食、焦躁和体重下降等外在症状,以及部分血液学指标会出现低外周血ALB、高LDH值等生理指标,这些症状和指标都可作为人工神经网络预测和评估病人患癌症的重要输入和学习参量。谷歌利用医院信息数据来构建患者的原始信息数据库,包括临床记录、诊断信息、用药信息等数据。采用基于人工神经网络深度学习的方法对数据进行学习,经过学习训练后,进行自动临床决策,准确率超过92%。

基于人工神经网络预测功能的网站生成器可以根据网络使用者的习惯、需求、爱好,对网站信息内容进行修改,帮助网站更新,比网站程序员更快速、更准确,也可以反馈给服务商更多的信息和数据。

（三）优化选择

优化就是采取一定措施使待分析事物或研究对象变得更加优异，而选择就是"去其糟粕，取其精华"，使对象在一定条件下更加优秀和突出。优化问题涉及找到一组非常复杂的非多项式完整问题的解决方案。经典的问题有旅行商问题、车辆调度及信道效率问题等。将人工神经网络用于优化问题，就是使用神经网络算法对研究对象时间复杂度、空间复杂度、正确性、健壮性等因素进行综合考虑和分析。

使用人工神经网络进行优化选择时，计算中往往要求最后的解为系统的全局极小点。如果优化问题是一个凸性优化问题，那么它唯一的一个局部极小点就是全局极小点。如果优化问题是非凸的，则可能会陷入局部极小点，就必须采用其他的方法来使其跳出局部极小点而达到全局极小点。

第二节　人工神经网络的浅层模型

一、感知器模型

感知器即单层神经网络，或者叫作神经元，是组成神经网络的最小单元。它是美国学者罗森布拉特于1957年提出的一类具有自学习能力的神经网络模型。根据网络中拥有的计算节点的层数，感知器可以分为单层感知器和多层感知器。

（一）单层感知器

单层感知器是一种只具有单层可计算节点的前馈网络，其网络拓扑结构是单层前馈网络。在单层感知器中，每个可计算节点都是一个线性阈值神经元。当输入信息的加权和大于或等于阈值时，其输出为1，否则输出为0或–1。

由于单层感知器输出层的每个神经元都只有一个输出，且该输出仅与本神经元的输入及连接权值有关，而与其他神经元无关，因此可以对单层感知器进行简化，仅考虑只有单个输出节点的单个感知器。事实上，最原始的单层感知器模型只有一个输出节点，即相当于单个神经元。

使用感知器的主要目的是对外部输入进行分类。罗森布拉特已经证明，如果外部输入是线性可分的(指存在一个超平面可以将它们分开),则单层感知器一定能够把它划分为两类。设单层感知器有 n 个输入,m 个输出,则其判别超平面由下式确定:

$$\sum_{i=1}^{n} w_{ij} x_i - \theta_j = 0 (j = 1, 2, \cdots, m)$$

另外,需要指出的是,单层感知器可以很好地实现"与""或""非"运算,但却不能解决"异或"问题。

(二)多层感知器

多层感知器是通过在单层感知器的输入层、输出层之间加入一层或多层处理单元所构成的。其拓扑结构与多层前馈网络相似,区别仅在于其计算节点的连接权值是可变的。

多层感知器的输入层与输出层之间是一种高度非线性的映射关系,如多层前馈网络(见图2-1)。若采用多层感知器模型,则该网络就是一个从n维欧氏空间到m维欧氏空间的非线性映射。因此,多层感知器可以实现非线性可分问题的分类。例如,对"异或"运算,用如图2-2所示的多层感知器即可解决。

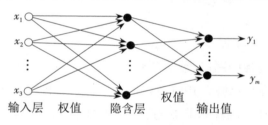

图2-1　多层前馈网络结构

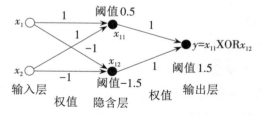

图2-2　解决"异或"问题的多层感知器

在图2-3中,隐含层神经元 x_{11} 所确定的直线方程为:$1 \times x_1 + 1 \times x_2 - 0.5 = 0$,可以识别一个半平面。隐含层神经元 x_{12} 所确定的直线方程为:$1 \times x_1 + 1 \times x_2 - 1.5 = 0$,也可以识别一个半平面。输出层神经元所确定的直线方程为:$1 \times x_{11} + 1 \times x_{12} - 1.5 = 0$,相当于对隐含层神经元 x_{11} 和 x_{12} 的输出进行"逻辑与"运算,因此可识别由隐含层已识别的两个半平面的交集所构成的一个凸多边形,如图2-3所示。

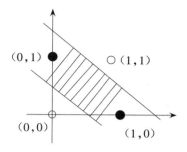

图2-3　"异或"问题的解决

二、BP神经网络模型

　　BP神经网络是误差逆传播网络的简称,是美国加州大学的鲁梅尔哈特和麦克莱兰在研究并行分布式信息处理方法、探索人类认知微结构的过程中提出的一种网络模型。BP神经网络的网络拓扑结构是多层前馈网络,如图2-4所示。在BP神经网络中,同层节点之间不存在相互连接,层与层之间多采用全互联方式,且各层的连接权值可调。BP神经网络实现了明斯基的多层网络的设想,是神经网络模型中使用最广泛的一种。

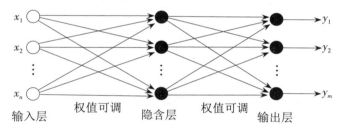

图2-4　多层BP神经网络的结构

　　在BP神经网络中,每个处理单元均为非线性输入/输出关系,其激发函数通常采用可微的Sigmoid函数,如$f(x) = \dfrac{1}{1 + e^{-x}}$。

　　BP神经网络的学习过程是由工作信号的正向传播和误差信号的反向传播组成的。正向传播过程是指,输入模式从输入层传给隐含层,经隐含层处理后传给输出层,再经输出层处理后产生一个输出模式的过程。如果正向传播过程得到的输出模式与期望的输出模式有误差,则网络将转为误差的反向传播过程。误差反向传播过程是指,从输出层开始反向把误差信号逐层传送到输入层,并同时修改各层神经元的连接权值,使误差信号最小。重复上述正向传播和反向传播过程,直至得到期望的输出模式为止。

另外,还需要指出两点:①网络仅在其学习(即训练)过程中需要进行正向传播和反向传播,一旦网络完成学习过程,被用于问题求解时,则只需进行正向传播,而不需要再进行反向传播;②尽管从网络学习的角度,信息在BP神经网络中的传播是双向的,但不意味着网络层次之间的连接也是双向的,BP神经网络的结构仍然是一种前馈网络。

第三节　人工神经网络的深层模型

一、深度卷积神经网络

深度卷积神经网络(Deep Convolution Neural Network,DCNN)也被称为卷积神经网络(Convolutional Neural Network,CNN),是一种由若干卷积层和子采样层交替叠加形成的一种深层网络结构。它的出现受生物界"感受野"概念的启发,采用逐层抽象、逐次迭代的工作方式。目前,DCNN已在图像分类、语音识别等领域取得了成功应用。

(一)生物视觉认知机理及感受野

1962年,美国神经生物学家胡贝尔和威塞尔在研究猫的视觉皮质时提出了"感受野"的概念。神经元的感受野是指视网膜上的一个区域,当视觉通路上的某个神经元被激活时,视网膜上所有与激活该神经元有关的感光细胞就构成了该神经元的感受野,并且,感受野具有一定的层次结构。

根据神经生理学的研究,人类眼球中的感光系统由视网膜上的感光细胞及其功能所构成,其作用是将投影到视网膜上的光信号转换成神经信号。视网膜的结构可分为三层,从后向前,依次是后部的感光细胞层、中间的双极细胞层和前端的节细胞层。其中,节细胞层和双极细胞层为透明状结构,光线可以正常穿过;感光细胞层在视网膜的背侧,离光源最远,它接收穿过节细胞层和双极细胞层的光信号,是视网膜的接收层。

视觉认知机制由视网膜的感光机制、视神经的传导机制和大脑皮质的中枢机制三部分组成。在视觉认知机制中,感光机制如上所述;传导机制是视神经将左右眼视觉信息在视交叉处进行交叉后先传到丘脑的外侧膝状体,外侧膝状体对不同类型视觉信息进行初步加工后,再传递到大脑皮质的视区;中枢机制在大脑皮质中完成,传递到视区的视觉信息,经视区处理后,传到与视区近邻的视觉联合区并进一步加工,最后才得到对物体的完整认识。

从以上分析可以看出,感光锥细胞和棒细胞的数量远大于神经节细胞的数量,而每个感光锥细胞、棒细胞接收到的感光信息都需要传递到大脑皮质进行处理,这样当感光锥细胞和棒感光细胞通过双极细胞与节细胞连接时,就会出现许多感光细胞被聚合在一个或几个节细胞上的情况。同样,在视觉信息传递和加工过程中,还会出现多个神经元被聚合到一个神经元上的情况。

这种现象体现了生物视觉认知机制中的两个特性:一是视觉信息加工的逐层抽象、逐次迭代;二是感受野的大小随神经元层级变化。对于感受野,如神经元的层级越高,其感受野越大,反之越小。

(二)深度卷积神经网络的基本结构

深度卷积神经网络的基本结构通常由三部分组成:第一部分为输入层,第二部分由多个卷积层和池化层交替组合构成,第三部分由一个全连接层和输出层构成。

1.卷积层

卷积层的作用是进行特征提取。其基本思想是:自然图像有其固有特征,从图像某一部分学到的特征同样能够用到另一部分上。或者说,从一个大图像中随机选取其中的一小块图像作为样本块,那么从该样本块上学到的特征同样可以应用到这个大图像的任意位置。

卷积运算过程可简单理解为,利用所选择样本块的特征,从图像的左上角移动到右下角,每移动一步,都将该样本块的特征与其所在位置的子图像做卷积运算,最终得到卷积后的图像。

2.池化层

池化层也称为下采样层,其作用是减小参数规模,降低计算复杂度。池化层的思想比较简单,就是要把卷积层中每个尺寸为 $k \times k$ 的池化空间的特征聚合到一起,形成池化层对应特征图中的一个像素点。池化方法常用的有最大池化法、平均池化法等。

3.全连接层和输出层

全连接层的作用是实现图像分类，即计算图像的类别，完成对图像的识别。输出层的作用是当图像识别完成后，将识别结果输出。

二、深度玻尔兹曼机与深度信念网络

深度玻尔兹曼机（Deep Boltzmann Machine，DBM）由多层受限玻尔兹曼机（Restricted Boltzmann Machine，RBM）堆叠而成，而深度信念网络（Deep Belief Network，DBN）则由多层受限玻尔兹曼机再加上一层BP神经网络构成。由于RBM的训练可分层进行，因此DBM能够有效避免深层网络训练中存在的误差累积传递过长问题。

（一）受限玻尔兹曼机的结构

受限玻尔兹曼机是一种对称耦合的随机反馈型二值单元神经网络。RBM作为玻尔兹曼机（BM）的一种变形，RBM与BM的最大区别是，RBM限制同层节点之间无连接的基本结构如图2-5所示。单个RBM是一个两层的浅层网络，一层是可见层V，其节点叫可见节点，用于接收输入数据；另一层是隐层H，其节点叫隐节点，起着特征探测器的作用。在RBM中，节点之间的连接方式满足：同层节点之间无连接，层间节点之间为全连接，任意两个相连接的节点都有自身的权重，权重矩阵为W。RBM作为一种二值单元神经网络，其所有节点都是随机二值变量节点，即各节点的取值都只有"0"和"1"两种状态。

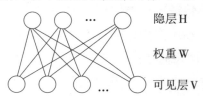

图2-5　受限玻尔兹曼机结构

（二）深度玻尔兹曼机与深度信念网络的结构

深度玻尔兹曼机由若干层受限玻尔兹曼机堆叠而成，而深度信念网络由多层受限玻尔兹曼机再加上一层BP神经网络构成。以3层受限玻尔兹曼机为例，深度玻尔兹曼机的基本结构如图2-6所示。在该模型中，前一层受限玻尔兹曼机隐层作为下一层受限玻尔兹曼机的可见层。

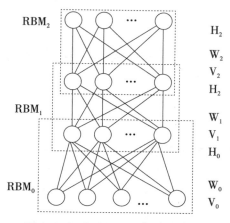

图2-6 深度玻尔兹曼机结构

　　深度信念网络（DBN）也称为深度置信网络，与深度玻尔兹曼机在结构上的主要差别是最后一层，其最后一层是BP神经网络。以两层RBM和一层BP神经网络构成的DBN为例，其基本结构如图2-7所示。其中，向上的实线箭号为信号传播，向下的虚线箭号为误差反向传播。

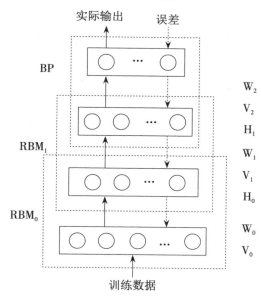

图2-7 深度信念网络结构

第四节　浅层学习方法

一、感知器学习

（一）单层感知器学习算法

单层感知器学习实际上是一种基于纠错学习规则，采用迭代的思想对连接权值和阈值进行不断调整，直到满足结束条件为止的学习算法。

假设 $X(k)$ 和 $W(k)$ 分别表示学习算法在第 k 次迭代时的输入向量和权值向量，为叙述方便，通常把阈值 $\theta(k)$ 作为权值向量 $W(k)$ 中的第一个分量，对应地把"−1"固定地作为输入向量 $X(k)$ 中的第一个分量。即 $W(k)$ 和 $X(k)$ 可分别表示为：

$$X(k) = \left[-1, x_1(k), x_2(k), \cdots, x_n(k) \right]$$

$$W(k) = \left[\theta(k), w_1(k), w_2(k), \cdots, w_n(k) \right]$$

单层感知器学习是一种诱导式学习，它需要给出输入样本的期望输出。假设一个样本空间可被划分为 A、B 两类。其激活函数的定义为：如果一个输入样本属于 A 类，则激活函数的输出为 +1，否则输出为 −1。对应地，也可将期望输出（亦称为导师信号）定义为：当输入样本属于 A 类时，其期望输出为 +1，否则为 −1 或 0。

在上述假设下，单层感知器学习算法可描述为：

第一步，设 $t=0$，初始化连接权值和阈值。即给 $w_i(0)(i=1,2,\cdots,n)$ 及 $\theta(0)$ 分别赋予一个较小的非零随机数，作为它们的初始值。其中，$w_i(0)$ 是第 0 次迭代时输入向量中第 i 个输入的连接权值；$\theta(0)$ 是第 0 次迭代时输出节点的阈值。

第二步，提供新的样本输入 $x_i(t)(i=1,2,\cdots,n)$ 和期望输出 $d(t)$。

第三步，计算网络的实际输出 $y(t)$：

$$y(t) = f\left[\sum_{i=1}^{n} w_i(t) x_i(t) - \theta(t) \right] (i = 1, 2, \cdots, n)$$

第四步，若 $y(t)=1$，不需要调整连接权值，转到第六步；否则需要调整连接权值，执行第五步。

第五步，调整连接权值。

$$w_i(t+1) = w_i(t) + \eta\big[d(t) - y(t)\big]x_i(t) \quad (i = 1, 2, \cdots, n)$$

式中，$0 < \eta \leqslant 1$，η 是一个增益因子，用于控制修改速度，其值不能太大，也不能太小。如果 η 的值太大，会影响 $w_i(t)$ 的收敛性；如果 η 的值太小，又会使 $w_i(t)$ 的收敛速度变慢。

第六步，判断是否满足结束条件，若满足，算法结束；否则，将 t 值加1，转到第二步，重新执行。这里的结束条件一般是指 $w_i(t)$ 对一切样本均稳定不变。

（二）多层感知器学习算法

在训练多层感知器学习的时候，通常使用在监督学习方式下的误差反向传播算法。这种算法是基于误差修正学习规则的。误差反向传播学习过程由信号的正向传播与误差的反向传播两个过程组成。

在信号正向传播的过程中，输入向量作用于网络的感知节点上，经过神经网络一层接一层地传播，最后产生一个输出作为网络的实际响应。在前向通过时，神经网络的突触权值保持不变。在信号反向传播的过程中，突触权值全部根据误差修正规则来调整，误差信号由目标响应减去网络的实际响应而产生。这个误差信号反向传播经过网络，与突触连接的方向相反，故称为"误差反向传播"。通过调整突触的权值使网络的实际响应接近目标响应。

随着信号的正向传播过程和误差的反向传播过程的交替反复进行，网络的实际输出逐渐向各自所对应的期望输出逼近，网络对输入模式响应的正确率也不断上升。通过此学习过程，确定各层间的连接权值之后就可以工作了。误差反向传播算法的发展是人工神经网络发展史上的一个里程碑，因为它为训练多层感知器提供了一个非常有效的学习方法。

二、BP 神经网络学习

（一）BP 神经网络学习的基础

1. 三层 BP 神经网络

BP 神经网络学习的网络基础是具有多层前馈结构的 BP 神经网络。后文对 BP 神经网络学习的讨论，基于图2-8给出的三层 BP 神经网络结构。

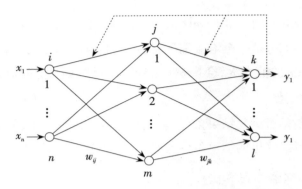

工作信号的正向传播 ⋯⋯⋯▶ 误差的反向传播

图2-8　三层BP神经网络结构

2. 网络节点的输入/输出关系

在图2-8所示的三层BP神经网络中,分别用i、j、k表示输入层、隐含层、输出层节点,且用以下符号表示。

O_i、O_j、O_k表示输入层节点i、隐含层节点j、输出层节点k的输出。

I_i、I_j、I_k表示输入层节点i、隐含层节点j、输出层节点k的输入。

w_{ij}、w_{jk}表示从输入层节点i到隐含层节点j、从隐含层节点j到输出层节点k的连接权值。

θ_j、θ_k表示隐含层节点j、输出层节点k的阈值。

对输入层节点i,有:

$$I_i = O_i = x_i = \sum_{i=1}^{n} w_{ij} O_i (j = 1, 2, \cdots, m)$$

$$O_j = f(I_j - \theta_j)(j = 1, 2, \cdots, m)$$

对输出层节点k,有:

$$I_k = \sum_{j=1}^{m} w_{jk} O_j (k = 1, 2, \cdots, l)$$

$$O_k = f(I_k - \theta_k)(k = 1, 2, \cdots, l)$$

3. BP神经网络学习的方式

BP神经网络的学习过程实际上是用训练样本对网络进行训练的过程。网络的训练有两种方式:顺序方式和批处理方式。顺序方式是指每输入一个训练样本,就根据该样本所产生的误差,对网络的连接权值和阈值进行修改。批处理方式是指所有训练样本一次性地全部输入网络后,再针对总的平均误差E,去修改网络的连接权值和阈值。

顺序方式的优点是所需的临时存储空间较小,且采用随机输入样本的方法,可在一定程度上避免局部极小现象;缺点是收敛条件比较复杂。批处理方式的优点是能够精确计算梯度向量,收敛条件比较简单,且易于并行计算;缺点是学习算法理解比较困难。因此,对BP神经网络学习算法的讨论主要是顺序方式。

(二)BP神经网络学习算法

下面仍以前述三层BP神经网络为例,基于顺序方式讨论其学习算法。假设 w_{ij} 和 w_{jk} 分别是输入层到隐含层和隐含层到输出层的连接权值;R 是训练集中训练样本的个数,其计数器为 r;T 是训练过程的最大迭代次数,其计数器为 t。BP神经网络学习算法可描述如下。

第一步,初始化网络及学习参数。将 w_{ij}、w_{jk}、θ_j、θ_k 均赋以较小的一个随机数;设置学习增益因子 η 为[0,1]区间的一个正数;设置训练样本计数器 $r=0$,误差 $E=0$,误差阈值 ε 为很小的正数。

第二步,随机输入一个训练样本,$r = r+1$,$t = 0$。

第三步,对输入样本,计算隐含层神经元的状态和输出层每个节点的实际输出 y_k,按照 $E = \dfrac{1}{2} \sum\limits_{k=1}^{l} \left(d_k - y_k\right)^2$ 计算该样本实际输出与期望输出的误差 E。

第四步,检查 $E > \varepsilon$。若是,执行下一步,否则转到第八步。

第五步,$t = t + 1$。

第六步,检查 $t \leqslant T$。若是,执行第七步,否则转到第八步。

第七步,按照 $\delta_k = \left(d_k - y_k\right) y_k \left(1 - y_k\right)$ 计算输出层节点 k 的 δ,按照 $\delta_j = f\left(I_j\right) \left[1 - f\left(I_j\right) \sum\limits_{k=1}^{l} \delta_k w_{jk}\right]$ 计算隐含层节点 j 的 δ_j,按照 $w_{jk}(t + 1) = w_{jk}(t) + \Delta w_{jk} = w_{jk}(t) + \eta\left(d_k - y_k\right)\left(1 - y_k\right) y_j O_j$ 计算 $w_{jk}(t + 1)$,按照 $w_{ij}(t + 1) = w_{ij}(t) + \Delta w_{ij} = w_{ij}(t) + \eta O_j(1 - O_j)\left(\sum\limits_{k=1}^{l} \delta_k w_{jk}\right) x_i$ 计算 $w_{ij}(t + 1)$,返回到第三步。其中,对阈值可按照连接权值的学习方式进行修正,只是要把阈值设想为神经元的连接权值,并假定其输入信号总为单位值1即可。

第八步,检查 $r = R$。若是,执行第九步,否则转到第三步。

第九步,结束。

第五节　深度学习方法

一、深度学习的类型

深度学习是一种基于深层网络模型,面向低层数据对象,采用逐层抽象机制,最终形成高层概念的机器学习方式。深度学习的类型有多种分类方法,可以按有无监督,分为有监督深度学习和无监督深度学习;也可按其作用,分为生成式深度学习、判别式深度学习和混合式深度学习。下面是把二者结合起来考虑的分类方法。

(一)无监督生成式深度学习

无监督学习是指在训练过程中不使用与特定任务有关的监督信息。生成式学习方法是指通过样本数据生成与其相符的有效目标模型。典型的无监督生成式深度学习模型包括受限玻尔兹曼机(RBM)、深度置信网络(DBN)、深度自编码网络(Deep Autoencoder Network,DAN)等。

(二)有监督判别式深度学习

有监督学习是指由训练样本的期望输出来引导的学习方式。它要求样本集中的每个训练样本都要有明确的类别标签,并通过逐步缩小实际输出与期望输出之间的差别来完成网络学习。典型的有监督判别式深度学习模型包括卷积神经网络(Convolutional Neural Network,CNN)、深度堆叠网络(Deep Stacking Network,DSN)、递归神经网络(Recurrent Neural Network,RNN)等。

(三)有监督无监督混合式学习

有监督无监督混合式学习是将有监督深度学习和无监督深度学习相结合的学习方式,其目标是有监督的判别式模型,同时以无监督的生成式作为辅助手段,典型的有监督无监督混合式学习模型有递归神经网络(Recurrent Neural Network,RNN)与和积网络(Sum-Product Network,SPN)等。

二、深度卷积神经网络学习

深度卷积神经网络的学习过程就是对卷积神经网络的训练过程,由计算信号的正向传播过程和误差的反向传播过程组成。

（一）卷积神经网络的正向传播过程

卷积神经网络的正向传播过程是指从输入层到输出层的信息传播过程，该过程的基本操作包括：从输入层到卷积层或从池化层到卷积层的卷积操作，从卷积层到池化层的池化操作，以及全连接层的分类操作。

（二）正向传播过程的主要特性

卷积神经网络正向传播的主要特点包括局域感知和权值共享。局域感知是指特征图中的每个神经元仅与输入图像的局部区域连接。权值共享是指同一特征图中的所有神经元共享同一卷积核，即通过对同一卷积核表示的连接权值的共享来减少神经网络需要训练的参数个数。此外，由池化操作可知，池化操作过程实际上是一种像素的合并过程，该过程降低了特征图像的空间维度，从而降低了神经网络的复杂度。权值共享的关键是卷积核。卷积核的结构是一个可调节的权值矩阵，其作用是提取输入图像的特征。由前面讨论可知，卷积核提取图像的一种特征，将其与输入图像作卷积运算，即可得到一个唯一的特征图。卷积核与特征图之间的一一对应关系说明，特征图中的所有神经元共享同一个卷积核，即同一个特征图中的所有神经元与输入图像之间的连接权值都由同一个卷积核确定，这大大减少了需要调整的神经元连接权值的个数。

（三）卷积神经网络的反向传播过程

卷积神经网络的反向传播过程涉及两个基本问题：误差的反向传播和参数的反向调整。其中，前者与当前网络层的类型有关，即卷积层、池化层、全连接层的误差反向传播方法不同；后者一般通过梯度计算来实现。

第六节 人工神经网络原理的应用

一、在信息领域中的应用

（一）信息处理

人工神经网络可以模仿或者代替与人的思维相关的功能，实现问题求解、问题自动诊断，从而解决传统方法所不能或难以解决的问题。

场景：智能仪器、自动跟踪监测仪器、自动报警系统、自动故障诊断系统等。

（二）模式识别

模式识别主要是对事物或现象的各种形式的信息处理和分析，从而可以达到对事物或现象进行描述、辨认、分类、解释。

模式识别主要包括统计模式识别方法和结构模式识别方法，其中人工神经网络是模式识别的常用方法。

场景：语音识别、图文识别、指纹识别、人脸识别、手写字符识别等。

二、在交通领域中的应用

交通运输问题是高度非线性的，可获得的数据是海量并且复杂的，非常适合使用人工神经网络来进行处理。

场景：汽车驾驶员行为模拟、路面维护、车辆检测和分类、交通流量预测、地铁运营及交通控制等。

三、在经济领域中的应用

（一）市场商品价格预测

商品价格的预测受市场供求关系等许多因素的影响，传统的统计经济学方法因其固有的局限性，很难做出比较准确的价格变动预测。人工神经网络可以根据人均收入、家庭人口数、贷款率、城市消费水平等方面建立比较可靠的预测模型，可以达到对商品价格较为科学的预测。

场景：市场商品价格的预测。

（二）风险评估

风险评估是对某项投资活动中可能产生经济损失的不确定性进行的防范。人工神经网络可以根据现实的风险来源给出比较合理的信用风险模型，经过计算得到风险评价系数，针对实际风险投资给出比较合理的解决方案。

场景：信用卡办理、购买理财产品、股票等。

四、在医疗领域中的应用

（一）生物信号的检测与自动分析

目前大部分医学检测设备都是以连续波形方式输出数据，这些波形数据是医疗诊断的依据。人工神经网络是由大量的简单处理单元连接而成的自适应动力学系统,具有巨量并行性、分布式存储、自适应学习等功能,可以解决生物信号分析处理中常规方法难以解决的问题。

场景:脑电信号分析、肌电和胃肠电信号识别、心电信号压缩、医学图像识别和处理等。

(二)医学专家系统

传统的专家系统是把专家现有的经验、知识以固定的规则存储在计算机中,从而建立知识库,然后采用逻辑推理的方式进行医疗诊断。传统方式存在知识获取途径有瓶颈、数据库规模增大造成知识爆炸等问题,因而工作效率相对较低。人工神经网络以非线性并行处理为基础,为医学专家系统提供了更好的前景。

场景:麻醉、危重医学领域的研究涉及生理变量的分析与预测,比如临床数据存在尚未发现或无确切证据的关系与现象、信号处理、干扰信号的自动区分检测、各种临床状况的预测等。

第三章 知识发现与数据挖掘原理及应用

信息时代每时每刻都产生着大量的信息,导致数据库中存储的数据量急剧增大,大量的信息给人们带来方便的同时也带来了一系列的问题和挑战。人们意识到隐藏在大规模数据背后更深层次、更重要的内容能够描述信息的整体特征,可以预测事物发展趋势。这些潜在信息在决策过程中具有重要的参考价值。为进一步提高信息的利用率,产生了新的研究方向:如数据库中的知识发现(Knowledge Discovery in Database, KDD),以及相应的数据挖掘(Data Mining)理论和技术。数据挖掘是整个KDD过程中的一个重要步骤,其主要作用是根据知识发现的目标选用一些算法,从数据库中提取出用户感兴趣的知识,并以一定的方式表现出来。可以说,数据挖掘水平的高低决定着知识发现的成功与否。随后的研究使知识发现和数据挖掘发展为一个涉及多学科的研究领域,数据库技术、人工智能、机器学习、统计学、粗糙集、模糊集、神经网络、模式识别、知识库系统、高性能计算、数据可视化等均与其相关。

目前,关于知识发现与数据挖掘的研究工作已经被众多领域关注,如信息管理、商业、医疗、过程控制、金融等领域。作为大规模数据库中先进的数据分析工具,数据挖掘已经成为数据库及人工智能领域的研究热点之一。本章主要介绍知识发现和数据挖掘的相关内容,首先从知识发现的对象、任务、方法三方面对知识发现进行概述。在理解了知识发现之后,对知识发现的核心步骤——数据挖掘的产生、定义、功能、方法进行详细说明。随着大数据时代的到来,知识发现和数据挖掘的数据源变得复杂多样,因此在本章的最后部分将介绍大数据处理技术。最后通过知识发现(KDD)应用实践将理论与实践相结合,加深读者的理解。

第一节 知识发现

KDD 作为一个新的研究方向被提出。经过近百年的研究,KDD 已经成为一门涉及多领域的学科。最初人们给 KDD 下过很多定义,其内涵也各不相同,目前公认的是由法耶兹等人提出的定义:基于数据库的知识发现(KDD)是指从大量数据中提取有效的、新颖的、潜在有用的、最终可以被理解的模式的非平凡过程。为了方便理解 KDD 的定义,需要说明这里的数据是指一个有关事实 F 的集合,用于描述事物的基本信息,如学生档案数据库中有关学生的基本情况的记录。定义中的模式是指语言 L 中的表达式 E,E 所描述的数据是集合 F 的一个子集 F_E。F_E 表明数据集 F 中的数据具有特性,E_0 作为一个模式,E 比枚举数据子集 F_E 简单,如"如果分数在 80~90 分,则成绩优良"可称为一个模式。非平凡过程是由多个步骤构成的处理过程,包括数据预处理、模式提取、知识评估及过程优化。非平凡是指具有一定程度的智能性和自动性,而不仅是简单的数值统计和计算。从定义层面无法把握知识发现的细节,下面将从知识发现的对象、任务、应用领域三方面对知识发现做进一步的介绍。

一、知识发现的对象

知识发现的对象原则上可以是以各种方式存储的信息。目前的信息存储方式主要包括关系数据库、数据仓库、事务数据库、高级数据库系统、文件数据库和 Web 数据库。其中,高级数据库系统包括面向对象数据库、关系对象数据库,以及面向应用的数据库(如空间数据库、时态数据库、文本数据库、多媒体数据库等)。

(一)关系数据库

关系数据库(Relational Database)是创建在关系模型基础上的数据库,借助集合代数等数学概念和方法来处理数据库中的数据。现实世界中的各种实体及实体之间的各种联系均用关系模型来表示。关系模型是由埃德加·科德于 1970 年首先提出的。结构化查询语言(SQL)就是一种基于关系数据库的语言,这种语言对关系数据库执行检索和操作。关系模型由数据结构、关系操作集合、关系完整性约束三部分组成。简单来说,关系模型是一个类似于二维表的模型,而关系数据库就是二维表格和其中的数据所组成的一个数据组织。通俗地说,在一张二维表中,每个关系都具有一个关系名,也就是通常说的表名。属性在二维表中,类似于Excel表格中的某一列,在数据库中被称为字段。域是属性的取值范围,也就是数据库中某一字段的属性限制条件。关键字是一组可以直接标识元组的属性。关系模式是指对关系的描述,其格式为关系名(属性1,属性2,…,属性N),也就是数据库中的表结构。数据库中的数据可以通过数据库管理系统(DBMS)进行存储和管理。DBMS提供数据库结构定义,数据检索语言,数据存储,并发、共享和分布式机制,数据访问授权等功能。关系数据库由表组成,每个表有一个唯一的表名。属性(列或域)集合组成表结构,表中数据按行存放,每一行称为一个记录,记录间通过键值加以区别。关系表中的一些属性域描述了表间的联系,这种语义模型就是实体关系(ER)模型。关系数据库是目前最流行、最常见的数据库之一,为知识发现研究工作提供了丰富的数据源。

(二)数据仓库

数据仓库也称为企业数据仓库,是商业智能的核心组成部分,是来自一个或者多个不同来源的集成数据的中央存储库。数据仓库将当前和历史数据存储在一起,用于为整个企业的员工创建分析报告。对数据进行提取、转换、加载和提取,转换、加载是构建数据仓库系统的两种主要方法。数据仓库的构成需要经历数据清洗、数据格式转换、数据集成、数据载入及阶段性更新等过程。其主要功能是组织资讯系统中联机事务处理所累积的大量资料,数据仓库理论所特有的资料存储架构可以对这些资料进行系统分析与整理。严格地讲,数据仓库是面向问题的、集成的、随时间变化的、相对稳定的数据集,可以为管理决策提供支持。其中面向问题是指数据仓库的组织围绕一定的主题,不同于日复一日的操作和事务处理型的组织,其是通过排斥对决策无用的数据等手段提供围绕主题的简明观点。集成性是指数据仓库将多种异质数据源集成为一体,如关系数据库、文件数据在线事务记录等。数据存储包含历史信息(如过去的5至10年)。数据仓库要将分散在各个具体应用环境中的数据转换后才能使用,所以它不需要事务处理、数据恢复、并发控制等机制。数据仓库根据多维数据库结构建模,每一维代表一个属性集,每个单元存放一个属性值,并提供多维数据视图,允许通过预计算快速地对数据进行总结。尽管数据仓库中集成了很多数据分析工具,但仍然需要像知识发现等更深层次、自动的数据分析工具。

(三)面向对象数据库

面向对象数据库是一种遵循面向对象编程原则的数据库系统。在这种数据库中,每个实体都被表示为一个对象,该对象将数据和与数据相关的操作封装在一起。这些对象通过消息传递与其他对象或数据库系统进行交互。对象的这种封装特性允许它们接收消息并相应地做出反应。在面向对象数据库中,类是对象共同特征的集合,它定义了对象的结构和行为,而对象则是类的实例,代表数据库中的具体实体。类和子类的概念允许在不同级别上实现属性和行为的共享,从而提高代码的复用性和模块化程度。

(四)关系对象数据库

关系对象数据库的构成基于关系对象模型。为操作复杂的对象,该模型通过提供丰富数据类型的方法,进一步扩展了关系模型。在关系查询语言中增加了新增类型的检索能力。关系对象数据库在工业和其他领域的使用越来越普遍。与关系数据库上的知识发现相比,关系对象数据库上的知识发现更强调操作复杂的对象结构和复杂数据类型。

(五)文本数据库

文本数据库是包含用文字描述的对象的数据库。这里的文字不是通常所说的简单关键字,它可能是长句子或图形,如产品说明书、出错或调试报告、警告信息、简报等文档信息。文本数据库可以是无结构的,也可以是半结构的(如邮件信息、HTML网页)。数据挖掘可以揭示对象类的通常描述,如关键字与文本内容之间的关联,基于文本对象的聚类等。

(六)多媒体数据库

在多媒体数据库中存储图像、音频、视频等数据。多媒体数据库管理系统提供对多媒体数据进行存储、操纵和检索的功能,特别强调多种数据类型间(如图像、声音等)的同步和实时处理。其主要应用在基于图片内容的检索、语音邮件系统、视频点播系统。多媒体数据库挖掘、存储和检索技术需要集成标准的数据挖掘方法,还要构建多媒体数据立方体,运用基于模式相似匹配的理论等。

（七）异构数据库和遗产数据库

异构数据库由一组互联的自治成员数据库组成。这些成员相互通信，以便交换信息和回答查询。一个成员数据库中的对象可以与其他成员数据库中的对象有很大差别，将它们的语义同化到整个异构数据库中十分困难。很多企业通过信息技术开发的长期历史（包括运用不同的硬件和操作系统）获得遗产数据库（Legacy Database）。遗产数据库是一组异构数据库，包括关系数据库、对象数据库、层次数据库、网状数据库、多媒体数据库、文件系统等。这些数据库可以通过内部网络或互联网络连接。

二、知识发现的任务

KDD 是一个反复迭代的人机交互处理过程。该过程需要经历多个步骤，并且很多决策需由用户做出。从宏观上看，KDD 过程主要由三部分组成，即数据整理、数据挖掘和结果的解释评估。KDD 的工作步骤如下：

第一，数据准备。了解 KDD 应用领域的有关情况，包括熟悉相关的背景知识，搞清用户需求。

第二，数据筛选。根据用户的需要，从原始数据库中选取相关数据或样本。在此过程中，将利用一些数据库操作对数据库进行相关处理，数据选取的目的是确定目标数据。

第三，数据预处理。对选出的数据进行再处理，检查数据的完整性及数据一致性，消除噪声，滤除与数据挖掘无关的冗余数据，根据时间序列和已知的变化情况，利用统计等方法填充丢失的数据。

第四，数据变换。根据知识发现的任务对经过预处理的数据进行再处理，主要是通过投影或利用数据库的其他操作减少数据量。

第五，数据挖掘。这是整个 KDD 过程中很重要的一个步骤。首先，确定 KDD 目标，即根据用户的要求，确定 KDD 要发现的知识类型。因为对 KDD 的要求不同，所以会在具体的知识发现过程中采用不同的知识发现算法，如分类、总结、关联规则、聚类等。然后，根据确定的任务来选择合适的知识发现算法，包括选取合适的模型和参数。同样的目标可以选用不同的算法来解决，这可以根据具体情况进行分析选择。有两种选择算法的途径，一是根据数据的特点，选择与之相关的算法；二是根据用户的要求，有的用户希望得到描述型的结果，有的用户希望得到预测准确度尽可能高的结果，不能一概而论。总之,要做到选择算法与整个KDD过程的评判标准相一致。最后运用选择的算法,从数据库中提取用户感兴趣的知识,并以一定的方式表示出来(如产生式规则等)。

第六,解释评价。对在数据挖掘步骤中发现的模式(知识)进行解释。经过用户或机器评估后,可能会发现这些模式中存在冗余或无关的模式,此时应该将其剔除。如果模式不能满足用户的要求,就需要返回到前面的某些处理步骤中反复提取,如重新选取数据,采用新的数据变换方法,修改数据挖掘算法的某些参数值,甚至换另外一种挖掘算法,从而提取出更有效的模式。

第七,知识评价。将发现的知识以用户能理解的方式呈现给用户。这期间也包含对知识一致性的检查,以确保本次发现的知识不会与以前发现的知识相抵触。由于挖掘出来的知识最终是呈现给用户的,所以,应该以用户能够理解的最直观的方式作为最终结果。因此,知识发现工作还包括对模式进行可视化处理等。

在上述步骤中,数据挖掘占据非常重要的地位,它主要是利用某些特定的知识发现算法,在一定的运算效率范围内,从数据中发现有关知识,可以说,它决定了整个KDD过程的效果与效率。

三、知识发现的应用领域

知识发现的潜在应用十分广阔,从工业到农业,从天文到地理,从预测预报到决策支持,KDD都发挥着越来越重要的作用。许多计算机软件开发商,如IBM、Microsoft、SPSS、SGI等,都已经推出了相应的数据挖掘产品。知识发现和数据挖掘作为信息处理的新技术已经在实际应用中崭露头角。

(一)商业方面

在商业方面的成功应用不断刺激着KDD的发展,进而使KDD拓展到越来越广阔的应用领域,特别是销售业和服务行业,是KDD应用最广泛的领域。在商业方面,KDD主要应用于销售预测、库存需求分析、零售点选择、价格分析和销售模式分析,如酒店通过对消费特别高和特别低的顾客进行偏离模式分析,可以发现一些有趣的消费情况。美国一家公司使用一款高级软件应用程序的模型最大值预测模型并结合地理信息分析开发了彩票机选择(Lottery Machine Selection),以决定在佛罗里达州安装彩票机的最佳地点。

（二）农业方面

农业是一个大型复杂系统，我国农业部门数年来积累了大量关于土肥、气象、病虫害、市场信息等方面的数据、实例和经验知识，通过KDD可以从中发现许多有价值和有规律的知识。如通过对病虫害数据库的分析，可以发现病虫害的影响因素、迁移或蔓延规律等，从而遏制灾害的发生、扩展或降低灾害损失；通过对国际国内市场信息的挖掘来指导农业生产规划等。

（三）医学生物方面

医疗保健行业有大量数据需要处理，但这个行业的数据由不同的信息系统管理，数据组织性差而且类型复杂，如医疗诊断数据可能包括文本、数值、图像等，给应用带来了一些困难。KDD在医药生物方面主要用于医疗诊断分析、药物成分的效用分析、新药研制和药物生产工艺控制优化等。

（四）金融保险方面

金融事务需要收集和分析大量数据，从而发现数据模式及特征，然后可能发现某个潜在客户、消费群体或组织的金融和商业兴趣，并可以观察金融市场的变化趋势。KDD在金融保险领域应用广泛，如金融、股票市场分析和预测，账户分类，银行担保和信用评估等。

第二节　数据挖掘

数据挖掘是KDD过程中的一个重要步骤，由于数据预处理和解释评价研究都已经比较成熟，目前KDD的难点问题都集中在数据挖掘上面。数据挖掘作为KDD的关键步骤，其中包括选用特定的数据挖掘算法对预处理的数据进行处理，从而提取用户感兴趣的知识（模式），并以一定的方式（如产生式规则等）表示出来，最终完成数据挖掘。下面具体讲述数据挖掘技术的产生及定义、数据挖掘的功能、数据挖掘的方法。

一、数据挖掘技术的产生及定义

数据挖掘技术和知识发现的产生有相同的背景，都是在面对信息社会中数据和数据库爆炸式增长，人们分析数据从中提取有用信息的能力，远远不能满足需要。目前做到的只是对数据库中已有的数据进行存储、查询、统计等，无法发现这些数据中存在的关系和规则，更不能根据现有的数据预测未来的发展趋势。这种现象产生的主要原因就是缺乏挖掘数据背后隐藏的知识的有力手段，而出现"数据爆炸但知识贫乏"的现象。数据挖掘就是为迎合这种要求而产生并迅速发展起来的，是可用于开发信息资源的一种新的数据处理技术。1989 年 8 月在美国底特律举办的第十一届国际人工智能联合会议上正式形成了数据挖掘的相关概念和研究方向，从 1995 年在加拿大召开的第一届知识发现和数据挖掘国际学术会议开始，每年都举行一次 KDD 国际学术会议，把知识发现和数据挖掘的研究不断向前推进。

数据挖掘（Data Mining）公认的定义是由 U.M.Fayyad 等人提出的：数据挖掘就是从大量的、不完全的、有噪声的、模糊的、随机的数据集中，提取隐含在其中的、人们事先不知道的、但又是潜在的有用的信息和知识的过程，提取的知识表示为概念（Concepts）、规则（Rules）、规律（Regularities）、模式（Patterns）等形式。数据挖掘是一种决策支持过程，分析各组织原有的数据，做出归纳推理，从中挖掘出潜在的模式，为管理人员决策提供支持。

二、数据挖掘的功能

数据挖掘是实现知识发现的重要步骤，首先要确定用户定义的不同需求，从而决定 KDD 要发现的知识类型。因为对 KDD 的要求不同，所以会在具体的知识发现过程中采用不同的知识发现算法，如分类、总结、关联规则、聚类等。而不同的算法将会导致数据挖掘出现不同结果，从而实现不同的功能。总的来说，数据挖掘是将预处理之后的数据，使用不同的算法对数据进行进一步处理，挖掘出数据内在的、未知的模式。下面介绍数据挖掘的具体功能。

（一）类/概念描述（Class/Concept Description）

类/概念描述是通过汇总、分析和比较，对相关对象的内涵及相应特征进行总结性的、简要的、准确的描述。类/概念描述可以通过数据特征化（Data Characterization）、数据区分（Data Discrimination）等方法得到，即可以使用特征性描述，也可以使用区别性描述。特征性描述可以描述出相关对象的共同特征，区别性描述可以描述出相关对象之间的差异。数据特征的输出形式多种多样，可以采用曲线、条形图、饼图、多维表等，也可以采用泛化关系或特征性规则。

（二）分类和预测（Classification and Prediction）

分类和预测主要用于处理预测问题。分类是指将数据映射到预先定义的数据类或概念集中。预测是建立连续值函数模型，并用来预测空缺的或不知道的数据值。在分类和预测之前，应进行相关分析来排除对分类或预测过程无用的属性。

（三）关联分析（Association Analysis）

关联分析是通过挖掘数据中的频繁模式（Frequent Pattern），建立关联规则的一种重要的发现知识的方法。通过建立的关联规则，可以为某些决策提供支持。关联分简单、因果、数量和时序等类型，对时间上存在前后关系的数据项进行挖掘，称为时序关联挖掘；对逻辑上存在因果关系的数据项进行挖掘，称为因果关联挖掘。数据项间存在统计相关性并不能确定数据项间存在因果关联；数据项间存在因果关联并不能保证数据项间存在统计相关性。

（四）聚类分析（Cluster Analysis）

聚类分析源于数学、计算机、统计学、经济学及生物学等众多学科领域，是一种通过描述数据项间的相似性而进行分类的探索性分析方法。把数据项分类到不同的簇（Cluster），同一簇中的个体存在很大相似性，不同簇间的个体存在很大差异性。聚类分析也可以作为分类算法、定性归纳算法等的预处理步骤。

（五）偏差分析（Deviation Analysis）

偏差分析即离群点分析，是依据数据的历史、现状及相应标准，探索实际出现明显偏离或者变化的数据的分析方法。在实际结果出现了偏离预期较大、分类或模式中出现反常或例外的时候，均可采用偏差分析。在海关检测等领域，发现偏差数据（噪声或异常数据）更具实际意义。

三、常用的数据挖掘方法

数据挖掘的方法种类繁多，若按照挖掘方法进行分类则包括统计方法、机器学习方法、神经网络方法和数据库方法。统计方法可细分为回归分析（多元回归、自回归等）、判别分析（贝叶斯判别、费歇尔判别、非参数判别等）、聚类分析（系统聚类、动态聚类等）、探索性分析（主成分分析、相关分析等）等；机器学习方法可细分为归纳学习方法（决策树、规则归纳等）、基于范例学习、遗传算法等；神经网络方法可进一步分为前向神经网络（BP算法）、自组织神经网络

（自组织特征映射、竞争学习等）；数据库方法主要是多维数据分析和 OLAP 技术，此外还有面向属性的归纳方法。由于篇幅有限，下面将重点介绍常用的数据挖掘方法。

（一）粗糙集

粗糙集（Rough Set）理论是由波兰的 Z.Pawlak 教授于 20 世纪 80 年代初提出的，是处理模糊和不确定性问题的新的数学工具，它能有效地分析和处理不精确、不一致、不完整等不完备性的数据，通过发现数据间隐藏的关系，揭示潜在的规律，从而提取有用信息，简化信息的处理过程。在粗糙集的理论框架中，主要研究一个由对象集和属性集构成的信息系统 S，$S \leqslant U, C, D, V, f >$ 为知识系统，其中，U 是对象集合；$A = C \cup D$ 是属性集合，子集 C 和 D 分别为条件属性集和结论属性集；$V = \dfrac{U}{q \in A} V_q$ 是属性集合，V_q 为属性 q 的值；f 是指定 U 中每个对象属性值的信息函数，$f: U \times A \rightarrow V_q$。这种"属性－值"关系构成了一张二维表，称为信息表或决策表。在粗糙集理论中，知识是通过指定对象的基本特征（属性）和它的特征值（属性值）来描述的。如果用知识系统的条件属性表示规则的条件部分，决策属性表示规则的结论部分，则每一个对象可以方便地表示一条产生式规则。

相对于概率统计、证据理论、模糊集理论等处理含糊性和不确定性问题的数学工具而言，粗糙集理论既与它们有一定的联系，又具有这些理论不具备的优越性。统计学需要概率分布，证据理论需要基本概率赋值，模糊集理论需要隶属函数，而粗糙集理论的主要优势之一在于它不需要关于数据的任何预备的或额外的信息。给定的对象集合由若干个属性描述，对象按照属性的取值情况形成若干等价类（同一等价类中对象的各个属性取值相同），同一等价类中的对象不可分辨。给定集合 A，粗糙集基于不可分辨关系，定义集合 A 的上近似和下近似，用这两个精确集合表示给定集合。根据现有关于对象的知识，下近似由肯定属于集合 A 的对象组成，上近似由可能属于集合 A 的对象组成。随着研究工作的不断深入，粗糙集理论已经广泛应用于知识发现、机器学习、决策支持、模式识别、专家系统、归纳推理等领域。

（二）聚类分析

聚类分析又称为群分析，是研究（样品或者指标）分类问题的一种统计分析方法。聚类分析起源于分类学,但是聚类不等于分类。聚类与分类的不同在于,聚类所要求划分的类是未知的。也就是说,在分类的过程中,人们不必事先给出一个分类的标准,聚类分析能够从样本数据出发,自动进行分类。聚类分析所使用的方法不同,常常会得到不同的结论。不同研究者对于同一组数据进行聚类分析,所得到的聚类数未必一致。而事先无法确定簇的内涵,使得聚类分析方法种类繁多。聚类分析的方法可分为基于层次的聚类方法、基于划分的聚类方法、基于图论的聚类方法、基于密度和网格的聚类方法等。

基于层次的聚类方法又称为树聚类算法,该方法使用数据的连接规则,通过层次式架构方式,反复将数据进行分裂或聚合,以形成一个层次序列的聚类问题的解,算法主要有两种策略:自底向上的聚合式层次聚类和自顶向下的分裂式层次聚类。近年来,具有代表性的研究成果有 Hungarian 聚类算法、面向连续数据的粗聚类算法(RCOSD)和基于 Quartet 树的快速聚类算法等。层次聚类算法的优点在于不需要用户事先指定聚类数目,可以灵活控制不同层次的聚类粒度,并且可以清晰地表达簇之间的层次关系。但是,层次聚类算法也有不可避免的缺点:在层次聚类过程中不能回溯处理已经形成的簇结构,即上一层次的簇形成后,通常不能在后续的执行过程中对其进行调整。这种特性造成了巨大的计算开销,已成为提高层次聚类算法性能的瓶颈,使其不适用于大规模数据集。

基于划分的聚类方法已经在模式识别、数据挖掘等领域得到广泛应用,至今仍是许多研究工作的思想源头。假设目标函数是可微的,首先给出数据集的初始划分,然后以此为起点,在迭代过程中不断调整样本点的归属,从而使目标函数达到最优。当目标函数收敛时,便可得到最终聚类结果。K-Means 和 Fuzzy C-Means 是这类算法的典型代表,近年来的研究成果主要有密度加权模糊聚类算法、基于混合距离学习的双指数模糊 C 均值算法等。这类方法的优点可归结为收敛速度快且易于扩展,缺点在于它们通常需要事先指定聚类数目。此外,初始簇中心的选择、噪声数据的存在和聚类数目的设置均会对聚类结果产生较大影响。

基于图论的聚类方法将待聚类的数据集转化为一个赋权的无向完全图 $G=(V,E)$。其中,顶点集 V 为特征空间中的数据点,边集 E 及其权重为任意两个数据点之间的连接关系和相似程度。这样,便可以将聚类问题转化为图划分问题来解决,所产生的若干个子图对应数据集包含的簇。近年来,代表性的研究成果有 Gradient Boosting Regression 算法、基于最大 θ 距离子树的聚类算法等。基于图论的聚类方法大多使用点对数据来表示数据点之间的相互关系，与其他方法相比，这类方法更适于发现数据集中、形状不规则的类簇。但是，求图的最优划分在数学上可归结为一个 NP 级的组合优化问题，如何面向大规模数据集求图的最优划分仍需要进一步探讨。

基于密度和网格的聚类方法来源于基于密度的聚类方法和基于网格的聚类方法。前者通常适用于只包含数值属性的数据集，后者适用于任何属性的数据集。由于这两类方法在处理数据时都侧重于使用样本点的空间分布信息，并且经常结合在一起使用，可将它们归为一类。该类方法对处理形状复杂的簇具有明显的优势，近年来具有代表性的研究成果有 TFCTMO 算法和 ST-DBSCAN 算法等。

（三）关联规则

关联规则反映一个事物与其他事物之间的相互依赖性或相互关联性。如果两个或多个事物之间存在关联，那么，其中一个事物就能从其他已知事物中预测得到，这样可以帮助人们制定出准确的决策。关联规则是通过形如 $X{\rightarrow}Y$ 的一种蕴含式表达的，其中 X 和 Y 是不相关的项集，$(X,Y){\in}I$，并且有 $X{\cap}Y=N{\cap}L$ 成立。关联规则强度可用支持度和置信度进行度量，规则的支持度和置信度是两个不同的量化标准。支持度确定规则可以用于给定数据集的频繁程度，置信度确定 Y 在包含 X 的事物中出现的频繁程度。支持度和置信度两个关键的相关形式定义如：①规则 $X{\rightarrow}Y$ 的支持度。规则 $X{\rightarrow}Y$ 在交易数据库 D 中的支持度（Support）是指交易集中包含 X 和 Y 的交易数与所有交易数之比，记为 $support(X{\rightarrow}Y)$，即 $support(X{\rightarrow}Y)=|X{\cap}Y|/|D|$；②规则 $X{\rightarrow}Y$ 置信度（Confidence）。规则 $X{\rightarrow}Y$ 在交易集中同时包含 X 和 Y 的交易数与只包含 X 的交易数之比，记为 $confidence(X{\rightarrow}Y)$，即 $confidence(X{\rightarrow}Y)=|X{\cap}Y|/|X|$。一般给定一个数据库，挖掘关联规则的问题可以转换为寻找满足最小支持度和最小置信度阈值的强关联规则过程，分为两步：先是生成所有频繁项集，即找出支持度大于或等于最小支持度阈值的项集；然后生成强关联规则，即找出频繁项集中大于或等于最小置信度阈值的关联规则。在关联规则算法方面，这里必须提著名的 Apriori 算法，其核心思想是把发现关联规则的工作分为两步：第一步是通过迭代检索出事务数据库中的所有频繁项集，即频繁项集的支持度不低于

用户设定的阈值;第二步是从频繁项集中构造出满足用户最低信任度的规则。挖掘或识别所有频繁项集是 Apriori 算法的核心,占整个计算量的大部分。后来的许多算法多是对 Apriori 算法的改进研究,如 AprioriTid、AprioriHybrid 等。

关联规则的分类方法有基于规则中处理的变量类别、基于规则中数据的抽象层次、基于规则中数据的维数。下面分别进行介绍。

基于规则中处理的变量类别,关联规则可分为布尔型关联规则和多值属性关联规则。布尔型关联规则处理的是离散、种类化的数据,它研究项是否在事务中出现。多值属性关联规则又可分为数量属性和分类属性,它显示了量化的项或属性之间的关系。在挖掘多值属性关联规则时,通常将连续属性运用离散(等深度桶、部分 K 度完全法)、统计学方法划分为有限个区间,每个区间对应一个属性,分类属性的每个类别对应一个属性,再对转换后的属性运用布尔型关联规则算法进行挖掘。

基于规则中数据的抽象层次,关联规则可分为单层关联规则和多层关联规则。在实际应用中,数据项之间有价值的关联规则常出现在较高的概念层中,因此,挖掘多层关联规则比挖掘单层关联规则能得到更深入的知识。根据规则中对应项目的粒度层次,多层关联规则可以划分为同层关联规则和层间关联规则。多层关联规则挖掘的两种设置支持度的策略为统一的最小支持度和不同层次设置不同的最小支持度。前者相对而言容易生成规则,但未考虑到各个层次的精度,容易造成信息丢失和信息冗余问题,后者提高了挖掘的灵活性。

基于规则中数据的维数,关联规则可分为单维关联规则和多维关联规则。单维关联规则处理的变量只是一维的;多维关联规则处理的是两个或两个以上的对象。根据同一维在规则中是否重复出现,多维关联规则又可分为维内关联规则和混合关联规则。

(四)决策树

决策树是在一种情况发生的概率已知的前提下,构建决策树来分析项目的概率,用树形结构图解评价是否可行的概率分析方法。决策树是一种预测模型,代表的是对象属性与对象值之间的一种映射关系。树中每个节点表示某个对象,每个分叉路径代表某个可能的属性值,每个叶节点则对应从根节点到该叶节点所经历的路径所表示对象的值。决策树仅有单一输出,若想要有多数输出,可以建立独立的决策树以处理不同输出。在数据挖掘中决策树是一种经常要用到的技术,可以用于分析数据,也可以用来预测。在机器学习领域,决策树是能进行模型预测的监督学习方法,其优点是逻辑上易于描述、理解和实现,数据准备要求低,易于通过测试来预测模型;缺点是不擅长处理连续性的数值,时序数据的预处理工作较多,类别数据越多,导致正确率较低。常见算法有经典的ID3算法、适用于连续属性的C4.5算法及适用于大数据集的C5.0算法。

(五)神经网络

人工神经网络(ANN)简称为神经网络(NN),是由构成生物大脑的生物神经网络系统启发而设计出的计算模型。人工神经网络基于人工神经元的连接单元或节点的集合,这些单元或节点可以对生物大脑中的神经元进行松散建模。每个连接都像生物大脑中的突触一样,可以将信号传输到其他神经元。接收信号的人工神经元随后对信号进行处理,并可以向与之相连的神经元发出信号。连接处的"信号"是实数,每个神经元的输出通过其输入之和的某些非线性函数来计算。这些连接称为Edge。神经元和神经边缘的权重随着学习的进行而不断调整。神经元可以具有阈值,使得仅当总信号超过该阈值时才发送信号。通常,神经元聚集成层,不同的层可以对它们的输入执行不同的变换。信号可能从第一层(输入层)传播到最后一层(输出层),也可能是信号在多次遍历这些层之后输出到最后一层。

人工神经网络按其模型结构大体可以分为前馈神经网络(也称为多层感知机)和反馈神经网络(也称为Hopfield网络)两大类,前者在数学上可以看作是一类大规模的非线性映射系统,后者则是一类大规模的非线性动力学系统。按照学习方式,人工神经网络又可以分为有监督学习、非监督学习和半监督学习三类;按工作方式可以分为确定性和随机性两类;按时间特性可以分为连续型和离散型两类。不论何种类型的人工神经网络,它们共同的特点是大规模并行处理、分布式存储、弹性拓扑、高度冗余和非线性运算,因而具有很高的运算速度、很强的联想能力、很强的适应性、很强的容错能力和自组织能力。这些特点和能力构成了人工神经网络模拟智能活动的技术基础,并在广阔的领域获得应用。如在通信领域,人工神经网络可以用于数据压缩、图像处理、矢量编码、差错控制(纠错和检错编码)、自适应信号处理、自适应均衡、信号检测、模式识别、ATM 流量控制、路由选择、通信网优化和智能管理等。

神经网络法是在人工神经网络的基础上，使用训练数据进行训练，进而完成学习。神经网络法是一种非线性的预测模型，通过不断地进行网络学习，神经网络法能从未知模式的大量复杂数据中发现相应的规律和结果。神经网络法的优点是具有抗干扰性，具有联想记忆功能，具有非线性学习功能及具有准确预测复杂情况结果的功能；缺点是缺少统计理论基础，导致解释性不强，因随机性较强，应用范围不广泛，高维数值的处理需要较多的人力和较长的时间。神经网络法适用于分类、聚类、特征挖掘等多方面的数据挖掘任务。

第三节 大数据处理

虽然大数据蕴含巨大价值，但其价值密度较低并且数据体量浩大、模式繁多、生成快速。这些特点使得直接针对大数据进行知识发现和数据挖掘提取其价值变得不可取，主要原因在于知识发现和数据挖掘无法直接对海量且数据结构复杂的数据进行操作。因此针对大数据进行知识发现和数据挖掘必须经过大数据技术的处理。大数据处理的流程为：在合适工具的辅助下，对广泛异构的数据源进行抽取和集成，结果按照一定的标准统一存储，利用合适的数据分析技术对存储的数据进行分析，从中提取有益的知识并利用恰当的方式将结果展示给终端用户。对统一标准存储的数据集进行分析的方法主要包括数据挖掘和机器学习。本节的重点内容是介绍大数据处理工具，包括大数据处理基础设施平台 Hadoop 及其生态系统，以及分布式计算框架 Spark 和其生态系统。Spark 性能强大，解决了 MapReduce 每次数据存盘及编程方式的痛点，是对 Hadoop 很好的补充，加速了大数据处理技术的发展和大数据应用的落地。

一、分布式数据基础设施平台 Hadoop 及其生态系统

Hadoop 是 Apache 软件基金会旗下的开源计算框架，主要用于海量数据的高效存储、管理和分析，可以部署在普通商用计算机上，具有高容错、水平可扩展等特性，采用分布式存储与处理方法解决了高成本、低效率处理海量数据的瓶颈。作为一个强大的分布式大数据开发平台，Hadoop 具备处理大规模分布式数据的能力，且所有的数据处理作业都是批处理的，所有要处理的数据都要

求在本地。如今,大多数计算机软件都运行在分布式系统中,其交互界面、应用的业务流程及数据资源均存储于松耦合的计算节点和分层的服务中,再由网络将它们连接起来。分布式开发技术已经成为建立应用框架(Application Framework)和软件构件(Software Component)的核心技术,在开发大型分布式应用系统中表现出强大的生命力。不同的分布式系统或开发平台,其所在的层次是不一样的,功能也有所不同。

(一)Hadoop 概述

Hadoop 采用 Java 语言开发,是对谷歌的 MapReduce、GFS(Google File System)和 Bigtable 等核心技术的开源实现,具有高可靠性和良好的扩展性,可以部署在大量成本低廉的硬件设备上,为分布式计算任务提供底层支持。

Hadoop 是分布式开发技术的一种,它实现了分布式文件系统和部分分布式数据库的功能。如一个只有 500 GB 的单机节点无法一次性处理连续的 PB 级的数据,那么应如何解决这个问题? 这就需要把大规模数据集分别存储在多个不同节点的系统中,实现一个跨网络的多个节点资源的文件系统,即分布式文件系统。

Hadoop 中的并行编程框架 MapReduce 可以让软件开发人员在不了解分布式底层细节的情况下开发分布式并行程序,并可以充分利用集群的威力进行高速运算和存储。

Hadoop 能够在大数据处理中得到广泛应用,得益于它能以一种可靠、高效、可伸缩的方式进行数据处理。首先,Hadoop 是可靠的,因为它会假设计算元素和存储失败的情况,所以它会维护多个工作数据副本,确保能够针对失败的节点重新分布处理。其次,Hadoop 是高效的,因为它以并行的方式工作,通过并行处理加快处理速度。再次,Hadoop 是可伸缩的,能够处理 PB 级数据。另外,Hadoop 依赖于社区服务,因此成本比较低,任何人都可以使用。最后,Hadoop 是用 Java 语言编写的框架,因此运行在 Linux 上是非常理想的,且 Hadoop 上的应用程序也可以使用其他编程语言编写。

(二)Hadoop 架构

Hadoop 是一个能够实现对大数据进行分布式处理的软件框架,由实现数据分析的 MapReduce 计算框架和实现数据存储的分布式文件系统有机结合而成。Hadoop 自动把应用程序分割成许多小的工作单元,并把这些单元放到集群中的相应节点上执行：分布式文件系统负责各个节点上数据的存储，实现高吞吐率的数据读写。

1.HDFS

HDFS 是 Hadoop 的分布式文件存储系统，整个 Hadoop 的体系结构通过HDFS 来实现对分布式存储的底层支持。HDFS 是一个典型的主从（Master/Slave）架构。Master 主节点也叫元数据节点，可以看作是分布式文件系统中的管理者，存储文件系统的元数据（Meta Data）。元数据就是除了文件内容之外的数据，包括文件系统的管理节点、访问控制信息、块当前所在的位置和集群配置等信息。从节点也叫数据节点，提供真实文件数据的物理支持。Hadoop集群中包含大量的数据节点，数据节点响应客户端的读写请求，还响应元数据节点对文件块的创建、删除、移动、复制等命令。在 HDFS 中，客户端（Client）可以通过元数据节点从多个数据节点中读取数据块，而这些文件元数据信息是各个数据节点自发提交给元数据节点的，它存储了文件的基本信息。当数据节点的文件信息有变更时，就会把变更的文件信息传送给元数据节点，元数据节点对数据节点的读取操作都是通过这些元数据信息来查找的。这种重要的信息一般会有备份，存储在次级元数据节点上。写文件操作也需要知道各个节点的元数据信息，知道哪些块有空闲、空闲块的位置、离哪个数据节点最近、备份多少份等，然后再写入。在有至少两个机架（Rack）的情况下，一般除了将数据写入本机架中的几个节点外，还会写入另外一个机架节点中，这就是所谓的"机架感知"。

2.MapReduce

MapReduce 是一种处理大量半结构化数据集合的分布式计算框架，是Hadoop 的一个基础组件。MapReduce 分为 Map 过程和 Reduce 过程，这两个过程将大任务细分处理再汇总结果。其中，Map 过程对数据集上的独立元素进行指定的操作，生成"键-值对"形式的中间结果；Reduce 过程则对中间结果中相同"键"的所有"值"进行规约，以得到最终结果。MapReduce 也可以称为一种编程模型。MapReduce 编程模型主要由两个抽象类构成，即 Mapper 类和 Reducer 类。Mapper 类用于对切分过的原始数据进行处理；Reducer 类则对 Mapper 类的处理结果进行汇总，得到最后的输出结果。在数据格式上，Mapper 类接受"<key,value>"格式的数据流，并产生一系列同样是"<key,value>"形式的输出，这些输出经过相应的处理,形成"<key, {value list}>"形式的中间结果;之后,再将由 Mapper 类产生的中间结果传给 Reducer 类作为输入,对相同 key 值的{value list}做相应处理,最终生成"<key, value>"形式的结果数据,再将其写入 HDFS 中。

MapReduce 这样的功能划分,使得 MapReduce 非常适合在大量计算机组成的分布式并行环境中进行数据处理。

从 MapReduce 的编程模型中可以发现,数据以不同的形式在不同节点间流动,即经过一个节点的分析处理,以另外一种形式进入下一个节点,从而得出最终结果。因此,了解数据在各个节点之间的流入形式和流出形式十分重要。下面以 WordCount 为例来讲解 MapReduce 数据流,整个处理过程如下。

第一,InputFormat 过程。InputFormat 主要有两项任务,一个是对源文件进行分片,并确定 Mapper 的数量;另一个是对各分片进行格式化,处理成"<key, value>"形式的数据流并传给 Mapper。

第二,Map 过程。Mapper 接收"<key, value>"形式的数据,并将其处理成"<key, {value list}>"形式的数据,具体的处理过程可由用户定义。在 Word - Count 中,Mapper 会解析传过来的 key 值,以"空字符"为标识符,如果碰到"空字符",就会把之前累计的字符串作为输出的 key 值,并以 1 为当前 key 的 value 值,形成"<word, 1>"的形式。

第三,Combiner 过程。每一个 Map 都可能产生大量的本地输出,Combiner( )的作用就是对 Map( )端的输出先做一次合并,以减少在 Map 和 Reduce 节点之间的数据传输量,提高网络 I/O 性能,这是 MapReduce 的优化手段之一。例如,在 WordCount 中,Map 在传递数据给 Combiner( )前,Map( )端的输出会先做一次合并。

第四,Shuffle 过程。Shuffle 过程是指从 Mapper 产生的直接输出结果经过一系列的处理成为 Reducer 最终的直接输入数据为止的整个过程,这一过程也是 MapReduce 的核心过程。

第五,Reduce 过程。Reducer 接收"<key, {value list}>"形式的数据流,形成"<key, value>"形式的数据输出,输出的数据直接写入 HDFS,具体的处理过程可由用户定义。在 WordCount 中,Reducer 会将相同 key 值的"{value list}"进行累加,得到这个单词出现的总次数,然后输出。

（三）Hadoop 生态系统

目前,Hadoop 已经发展成包含很多项目的集合,形成了一个以 Hadoop 为中心的生态系统(Hadoop Ecosystem)。此生态系统提供了互补性服务或在核心层上提供了更高层的服务,使 Hadoop 的应用更加方便、快捷。

1.Hive(基于 Hadoop 的数据仓库)

Hive 分布式数据仓库擅长数据展示,通常用于离线分析。Hive 管理存储在 HDFS 中的数据,提供了一种类似 SQL 的查询语言(HQL)来查询数据。

2.HBase(分布式列数据库)

HBase 是一个针对结构化数据的可伸缩、高可靠、高性能、分布式和面向列的动态模式数据库。和传统关系型数据库不同,HBase 采用了 Google BigTable 的数据模型——增强的稀疏排序映射表,其中,键由行关键字、列关键字和时间戳构成。HBase 可以对大规模数据进行随机、实时读/写访问,同时,HBase 中保存的数据可以使用 MapReduce 来处理,它将数据存储和并行计算完美地结合在一起。

3.ZooKeeper(分布式协同工作系统)

ZooKeeper 是协同工作系统,用于构建分布式应用,解决分布式环境下的数据管理问题,如统一命名、状态同步、集群管理、配置同步等。

4.Sqoop(数据同步工具)

Sqoop 是 SQLtoHadoop 的缩写,是完成 HDFS 和关系型数据库中的数据相互转移的工具。

5.Pig(基于 Hadoop 的数据流系统)

Pig 提供相应的数据流语言和运行环境,实现数据转换(使用管道)和实验性研究(如快速原型),适用于数据准备阶段,运行在由 Hadoop 基本架构构建的集群上。Hive 和 Pig 都建立在 Hadoop 基本架构之上,可以用来从数据库中提取信息,交给 Hadoop 处理。

6.Mahout(数据挖掘算法库)

Mahout 的主要目标是实现一些可扩展的机器学习领域的经典算法,旨在帮助开发人员更加方便、快捷地创建智能应用程序。Mahout 现在已经包含了聚类、分类、推荐引擎(协同过滤)和频繁项集挖掘等广泛使用的数据挖掘方法。除了算法外,Mahout还包含数据的输入/输出工具、与其他存储系统(如数据库、MongoDB或Cassandra)集成等数据挖掘支持架构。

7.Flume(日志收集工具)

Flume是一个高可用、高可靠、分布式的海量日志收集工具,即Flume支持在日志系统中定制各类数据发送方,用于收集数据,同时,Flume提供对数据进行简单处理并写到各种数据接收方(可定制)的功能。

8.Avro(数据序列化工具)

Avro是一种新的数据序列化(Serialization)格式和传输工具,可以用来设计能支持大批量数据交换的应用。它的主要特点有:支持二进制序列化方式,可以便捷、快速地处理大量数据;对动态语言友好,Avro提供的机制使动态语言可以方便地处理Avro数据。

9.BI Reporting(商业智能报表)

BI Reporting能提供综合报告、数据分析和数据集成等功能。

10.RDBMS(关系型数据库管理系统)

RDBMS中的数据存储在被称为表(Table)的数据库中。表是相关记录的集合,由行和列组成,是一种二维关系表。

11.ETL Tools

ETL Tools是构建数据仓库的重要环节,由一系列数据仓库采集工具构成。

12.Ambari

Ambari旨在将监控和管理等核心功能加入Hadoop。Ambari可以帮助系统管理员部署和配置Hadoop、升级集群,并可以提供监控服务。

二、分布式计算框架Spark及其生态系统

Spark是一个围绕速度、易用性和复杂分析构建的大数据处理框架。由于Spark扩展了MapReduce计算模型,能高效地支撑更多的计算模式,包括交互式查询和流处理,能够在内存中进行计算,能依赖磁盘进行复杂的运算等,所以Spark比MapReduce更加高效,成为大数据处理中应用最多的计算模型。

(一)Spark概述

Spark是由美国加州大学伯克利分校AMP实验室在2009年开源的基于内存的大数据计算框架,保留了Hadoop MapReduce高容错和高伸缩的特性。不

同的是,Spark将中间结果保存在内存中,从而不再需要读写HDFS。因此,Spark能更好地适用于数据挖掘与机器学习等需要迭代的MapReduce模式的算法。Spark可以将Hadoop集群的应用在内存中的运行速度提升约100倍,在磁盘上的运行速度提升约10倍。它具有快速、易用、通用、兼容性好四个特点,实现了高效的有向无环图(Directed Acyclic Graph,DAG)执行引擎,支持通过内存计算高效处理数据流。可以使用Java、Scala、Python、R等语言轻松地构建Spark并行应用程序,以及通过Python、Scala的交互式Shell在Spark集群中验证解决思路是否正确。

不同于Hadoop只包括MapReduce和HDFS,Spark的体系架构包括Spark Core及在Spark Core基础上建立的应用框架Spark SQL、Spark Streaming、MLib、GraphX等。其中Spark Core是Spark中最重要的部分,主要完成离线数据分析。Spark SQL提供通过Hive数据查询语言(HiveQL)与Spark进行交互的API,将Spark SQL查询转换为Spark操作,并且每个数据库表都被当成一个弹性分布式数据集(RDD)。Spark Streaming对实时数据流进行处理和控制,允许程序像RDD一样处理实时数据。MLlib是Spark提供的机器学习算法库。GraphX提供了控制图、并行图操作与计算的算法和工具。

Spark的运行模式灵活多变,部署在单机上时,既可以用本地模式运行,也可以用伪分布模式运行;而当以分布式集群的方式部署时,需要根据集群的实际情况来选择,底层的资源调度既可以依赖外部资源调度框架,也可以使用Spark内建的Standalone模式。目前常用的Spark运行模式根据资源管理器的不同,可以分为Standalone模式、Spark on YARN模式和Mesos模式三种。

1.Standalone模式

Standalone模式是Spark自带的资源调度框架,其主要的节点有Client节点、Master节点和Worker节点。Spark应用程序有一个Driver机制。Driver既可以运行在Master节点上,也可以运行在本地Client节点上。当用Spark-Shell交互式工具提交Spark的Job时,Driver在Master节点上运行;当使用Spark-Submit工具提交Job或者在Eclipse、IDEA等开发平台上使用"new SparkConf.setMan - ager(spark:/master:7077)"方式运行Spark任务时,Driver是运行在本地Client节点上的。

SparkContext连接Master节点,向Master节点注册并申请资源(CPU Core和

Memory）。

Master节点先根据SparkContext的资源申请要求和Worker节点心跳周期内报告的信息决定在哪个Worker节点上分配资源；然后就在该Worker节点上获取资源，并且在各个节点上启动StandaloneExecutorBackend。

StandaloneExecutorBackend向SparkContext注册。

在Client节点上，SparkContext根据用户程序构建DAG图（在RDD中完成），将DAG分解成Stage（TaskSet），把Stage发送给Task Scheduler。Task Scheduler将Task发送给相应Worker中的Executor运行，即提交给StandaloneExecutor-Backend执行。

StandaloneExecutorBackend会建立Executor线程池，开始执行Task，并向SparkContext报告，直至Task完成。

所有Task完成后，SparkContext向Master节点注销并释放资源。

对Master报告Executor状态。

2.Spark on YARN 模式

在讲解Spark on YARN模式之前，先对YARN进行简单介绍。YARN是一种统一资源管理机制，在YARN上面可以运行多种计算框架。Spark借助YARN良好的弹性资源管理机制实现了Spark on YARN的运行模式，这种模式不仅使应用的部署更加方便，而且用户在YARN集群上运行的服务和应用的资源也完全隔离，并且YARN可以通过队列的方式管理同时运行在集群中的多个服务。Spark on YARN模式根据Driver在集群中的位置分为两种：一种是YARN–Cluster（或称为YARN–Standalone）模式；另一种是YARN–Client。生产环境中一般采用YARN–Cluster模式，而YARN–Client模式一般用于交互式应用或者马上需要看到输出结果的调试场景。

在YARN–Cluster模式中，当用户向YARN提交一个应用程序后，YARN将分两个阶段运行该应用程序：第一个阶段把Spark的Driver作为一个Application Master在YARN集群中启动；第二个阶段由Application Master创建应用程序，然后向Resource Manager申请资源，并启动Executor来运行Task，同时监控Task的整个运行过程，直到运行完成。YARN–Cluster模式的运行流程分为以下几个步骤。

起始时Spark YARN Cluster向YARN集群提交应用程序，包括Application

Master 程序、启动 Application Master 的命令、需要在 Executor 中运行的程序等。Resource Manager 收到请求后,在集群中选择一个 Node Manager,为该应用程序分配第一个 Container,要求应用程序在这个 Container 中启动应用程序的 Application Master,然后 Application Master 进行 SparkContext 等的初始化。Application Master 中的 SparkContext 分配 Task 给 CoarseGrainedBackend 进程执行,CoarseGrainedBackend 进程运行 Task 并向 Application Master 汇报运行的状态和进度,以让 Application Master 随时掌握各个任务的运行状态,从而可以在任务失败时重新启动任务。应用程序运行完成后,Application Master 向 Resource Manager 申请注销并关闭自己。

在 YARN-Client 模式中,Driver 在客户端本地运行,这种模式可以使得 Spark 应用程序和客户端进行交互,因为 Driver 在客户端,所以可以通过 Web UI 访问 Driver 的状态,默认是通过"http://master:4040"访问,而 YARN 通过"http://master:8088"访问。YARN-Client 模式的运行流程分为以下几个步骤。

首先,Spark YARN Client 向 YARN 集群的 Resource Manager 申请启动 Application Master,同时在 SparkContent 初始化中创建 DAGScheduler 和 Task-Scheduler 等,由于选择的是 YARN-Client 模式,程序会选择 YarnClientCluster-Scheduler 和 YarnClientSchedulerBackend 进程。Resource Manager 收到请求后,在集群中选择一个 Node Manager,为该应用程序分配第一个 Container,要求应用程序在这个 Container 中启动应用程序的 Application Master。这里与 YARN-Cluster 的区别是,在该 Application Master 中不运行 SparkContext,只与 Spark-Context 进行联系和资源分派。一旦 Application Master 申请到资源(也就是 Container)后,便与对应的 Node Manager 通信,要求它在获得的 Container 中启动 CoarseGrainedBackend 进程,CoarseGrainedBackend 进程启动后会向 Client 中的 SparkContext 注册并申请 Task。Client 中的 SparkContext 分配 Task 给 Coarse-GrainedExecutorBackend 执行,Coarse-GrainedExecutorBackend 运行 Task 并向 Driver 汇报运行的状态和进度,以让 Client 随时掌握各个任务的运行状态,从而可以在任务失败时重新启动任务。

3.Mesos 模式

Spark 可以运行在 Apache Mesos 管理的硬件集群上。使用 Mesos 模式运行 Spark 的优点有两个:Spark 和其他 Framework 之间具有了动态分区;可以在多个

Spark实例之间进行可伸缩的分区。当一个驱动程序创建一个作业并开始执行调度任务时,Mesos将决定什么机器处理什么任务,多个框架可以在同一个集群上共存。

Spark可以在Mesos的两种模式下运行:粗粒度模式(Coarse-grained Mode)和细粒度模式(Fine-grained Mode)。粗粒度模式是默认模式,细粒度模式在Spark2.0后已被弃用。在粗粒度模式下,Mesos在每台机器上只启动一个长期运行的Spark任务,而Spark任务则会作为其内部的"mini-tasks"来动态调度。这样做的好处是启动延迟比较低,但同时也会增加一定的资源消耗,因为Mesos需要在整个生命周期内为这些长期运行的Spark任务保留其所需的资源。

(二)弹性分布式数据集

弹性分布式数据集(Resilient Distributed Dataset,RDD)是Spark提供的最主要的数据抽象,是对分布式内存的抽象使用,是以操作本地集合的方式来操作分布式数据集的抽象实现。作为跨集群节点间的一个集合,RDD可以并行地进行操作,控制数据分区。RDD具有自动容错、位置感知性调度和可伸缩的特点,用户可以根据需要对数据进行划分,自行选择将数据保存在磁盘或内存中。用户还可以要求Spark在内存中持久化一个RDD,以便在并行操作中高效地重用,省去了MapReduce大量的磁盘I/O操作,这对于迭代运算比较常见的机器学习、交互式数据挖掘来说,大幅地提升了运算效率。

通常,数据处理的模型有四种:迭代算法(Iterative Algorithms)、关系查询(Relational Queries)、MapReduce和流式处理(Stream Processing),而RDD实现了以上四种模型,使得Spark可以应用于各种大数据处理场景。RDD具有以下五个特征。

1.Partition(分区)

Parition是数据集的基本组成单位,RDD提供了一种高度受限的共享内存模型,即RDD作为数据结构,本质上是一个只读的记录分区的集合。一个RDD会有若干个分区,分区的大小决定了并行计算的粒度,每个分区的计算都被一个单独的任务处理。用户可以在创建RDD时指定RDD的分区个数,默认是程序所分配到的CPU Core的数目。

2.Compute

Compute是每个分区的计算函数,Spark中的计算都是以分区为基本单位的,每个 RDD 都会通过 Compute 函数来达到计算的目的。

3.Dependencies(依赖)

RDD 之间存在依赖关系,分为宽依赖(Wide Dependency)关系和窄依赖(Narrow Dependency)关系。如果父 RDD 的每个分区最多只能被一个子 RDD 的分区所使用,即上一个 RDD 中的一个分区的数据到下一个 RDD 时还在同一个分区中,则称为窄依赖,如 map 操作会产生窄依赖。如果父 RDD 的每个分区被多个子 RDD 分区使用,即上一个 RDD 中的一个分区的数据到下一个 RDD 时出现在多个分区中,则称为宽依赖,如 GroupByKey 会产生宽依赖。当进行 join 操作的两个 RDD 分区数量一致且 join 结果得到的 RDD 分区数量与父 RDD 分区数量相同时为窄依赖,当进行 join 操作的每个父 RDD 分区对应所有子 RDD 分区(join with inputs not co-partitioned)时,为宽依赖。

具有窄依赖关系的 RDD 可以在同一个 Stage 中进行计算,存在 Shuffle 过程,所有操作在一起进行。宽依赖也存在 Shuffle 过程,但需要等待上一个 RDD 的所有任务执行完成才可以进行下一个 RDD 任务。

4.Partitioner(分区函数)

Partitioner 只存在于 key-value 类型的 RDD 中,非 key-value 类型 RDD 的 Partitioner 值是 None。Partitioner 函数不但决定了 RDD 本身的分片数量,也决定了父 RDD Shuffle 后输出的分片数量。

5.Preferred Locations(优先位置)

按照"移动数据不如移动计算"的原则,Spark 在进行任务调度时,会优先将任务分配到数据块存储的位置。

RDD 支持两种类型的操作:转换(Transformation)和行动(Action)。转换操作是从现有的数据集上创建新的数据集;行动操作是在数据集上运行计算后返回一个值给驱动程序,或把结果写入外部系统,触发实际运算。例如,map 是一个转换操作,通过函数传递数据集元素,并返回一个表示结果的新 RDD;Reduce 是一个行动操作,它使用一些函数聚合 RDD 的所有元素,并将最终结果返回给驱动程序。查看返回值类型可以判断函数是属于转换操作还是行动操作,转换操作的返回值是 RDD,行动操作的返回值是数据类型。

(三)Spark 生态系统

目前 Spark 的生态系统以 Spark Core 为核心,然后在此基础上建立了处理结构化数据的Spark SQL、对实时数据流进行处理的Spark Streaming、机器学习算法库MLlib、用于图计算的GraphX四个子框架。

第四节 数据挖掘的应用

一、数据挖掘在态势感知方面的应用

态势感知的概念最早在军事领域被提出,覆盖感知、理解和预测三个层次,并随着网络的兴起而升级为"网络态势感知"。

现阶段面对传统安全防御体系失效的风险,态势感知能够全面感知网络安全威胁态势,洞悉网络及应用运行健康状态,通过全流量分析技术实现完整的网络攻击溯源取证,帮助安全人员采取针对性的处置措施。态势感知系统应该具备网络空间安全持续监控能力,能够及时发现各种攻击威胁与异常;具备威胁调查分析及可视化能力,可以对与威胁相关的影响范围、攻击路径、目的、手段进行快速判别,从而支撑有效的安全决策和响应;能够建立安全预警机制,提升风险控制、应急响应和整体安全防护水平。

安全是发展的前提,发展是安全的保障,安全和发展要同步推进。要树立正确的网络安全观,加快构建关键信息基础设施安全保障体系,全天候、全方位感知网络安全态势,增强网络安全防御能力和威慑能力。

如今,态势感知已经成为网络空间安全领域的热点,也成为网络安全技术、产品、方案不断创新、发展、演进的体现,更代表了当前网络安全攻防对抗的最新趋势。

建设态势感知的目的如下。

检测:提升网络安全持续监控能力,及时发现各种攻击威胁与异常。

分析、响应:提升威胁可视化及分析能力,对威胁的影响范围、攻击路径、目的、手段进行快速研判,目的是做出有效的安全决策和响应。

预测、预防:建立风险通报和威胁预警机制,全面掌握攻击者目的、技术、攻击工具等信息。

防御:利用掌握的情报,完善防御体系。

态势感知的应用价值如下。

应对关键性威胁：快速发现失陷主机；提供全面的网络安全保障。

提升分析、研判能力：通过提升分析、研判能力，更有效地做出正确响应；逐步完善防御架构。可以依赖外部威胁情报和本地的流量日志进行有效的分析及研判。

信息与情报共享：实现本行业、本领域的网络安全监测预警和信息通报；分析、研判和情报共享是预警、预测的基础。

履行行业监管职责：利用边界流量探针、云监控和外部情报监测等检测手段，实现对行业的监管。

态势感知的研究内容是在大规模系统环境中，对能够引起系统态势发生变化的安全要素进行获取、理解、显示及预测。

网络态势是指由各种网络设备运行状况、网络行为及用户行为等因素构成的整个网络的当前状态和变化趋势。

"态势"不是"事件"。可以说，事件是必然性的结果，即便是预测事件也应该是精确度较高的一种推测。这更像是用数学公式推算一个确定性的数字。而"态势"是"趋势"，态势感知就是对趋势的预测。

"态势"与"情报"。情报是一种基于公开或非公开信息的必然性较高的预测。网络安全态势感知包括三个级别，第一个级别是能够感知攻击的存在；第二个级别是能够识别攻击者或攻击意图；最高级别是风险评估，通过对攻击者行为的分析，评估该行为（包括预期的后续动作）对网络系统有什么危害，从而为决策提供重要依据。

越来越多的设备接入互联网，所产生的数据量是非常庞大的，大数据所蕴含的价值是无穷的，我们可以利用大数据进行商业价值分析，攻击者也可以利用大数据进行破坏。在笔者看来，态势感知就是大数据与安全防护的结合。

基于大数据的全网安全态势感知技术是未来信息安全发展的一个方向。如今信息安全所面临的威胁和挑战已经上升到了更高的层面，网络战早已不再是传说，这给安全防护带来了非常大的挑战，在大规模的高级持续性威胁的攻击下，没有哪家企业和个人能够抵御如此规模的攻击，因此，安全防御也需要做到全网联动、共同防御。

大数据安全态势感知通过部署在全国各地的监测节点，可以对全网进行实时的监控，对可能出现的攻击行为进行预警，对用户的网络安全做到规模化防护。规模化防护从三个方面来实现,一是云防护网络,通过在全国部署的云防护节点,对用户系统提供分布式拒绝服务攻击、应用层安全防护、重大安全事件预警等功能;二是流量清洗,为用户系统提供清洗防护设备,进行可管理的防御和监控;三是蜜罐监测,通过构建蜜罐,对众多的攻击和渗透进行诱捕,对新样本进行采集,降低风险,同步收集最新的安全态势等信息。

在竞争对抗中,有效感知和掌握综合态势,是己方进行战略决策的重要依据,也是战胜对方、夺取胜利的重要基础。随着信息科技的飞速发展,信息数量爆炸式增长,数据挖掘技术应运而生,对科技原理和作用机理的准确把握,发现并解决其中存在的有关问题,对于进一步提高基于数据挖掘技术的战略态势感知的准确性和效能具有重要的促进作用,在获取有关感知方面的战略态势上也发挥了重要作用。

(一)数据挖掘在态势感知中的运用

《孙子兵法》中指出:"故明君贤将,所以动而胜人,成功出于众者,先知也。"可见,只有及时、准确、全面地掌握信息,才能把握主动,取得全胜。数据挖掘技术的产生和运用,为"知"提供了有力的工具,为有效掌握态势情况创造了良好条件。

1. 大数据中蕴含态势感知

随着信息技术高速发展,人类已经进入了一个充斥着海量数据的时代,大数据正是这个时代的产物。大数据具有体量巨大、类型繁多、价值密度低、处理速度要求高四个典型特点。面对仍在爆炸式增长、足以"淹没"一切现有处理设备的巨量数据,人们已经逐渐发觉其重要作用和对其加以利用的方法。在梅特卡夫定律的作用下,信息网络节点越多,价值和发挥的作用越大;数据体量越大,效果也就越大。当数据增长到巨量的规模时,将产生复杂或混沌的现象,虽然价值密度很低,但是通过特定的理论和方法,深入分析数据之间的联系,也能够通过大数据感知更多不易被发现的规律和情况。

当今社会万物互联成为一种趋势,人与人通过网络彼此相连,各种经济、工业、交通设施通过有线网络或无线网络连接并交换数据,全球交汇信息数据的数量"聚沙成塔",所有人的想法和行动几乎都映射在虚拟的数据世界中。通过尽可能多地占有数据,分析、关联、还原大数据中的信息,能够识别并提取有关逻辑和关系,拓展人类的感知,并能持续跟踪、补充信息、预测趋势,为进一步的决策和采取行动提供支持。

2.态势感知对数据挖掘技术提出旺盛需求

此处所指的态势可分为广义和狭义两类,其中,广义的态势,一般指一个国家在政治、军事、文化、外交等方面表现出的战略状态或动向,以及在双方或多方互动中所处的相对位势;狭义的态势,主要指军队所占地理位置、兵力对比、战备情况等对当前和之后行动是否有利,是否掌握战略主动权等。对态势的感知,即运用各种手段对对方各个方面的战略情况及动向的发觉和掌握,是国家或军队高度关注的重点。

随着全球化进程不断加快,国际之间交往日益增多,对了解、掌握其他国家有关情况的需求已经大大超越了传统情报工作的范畴,延伸到政治、军事、经济、科技、文化、外交,甚至是社会民生、意识形态等领域。在这一情况下,态势感知对数据挖掘技术提出了旺盛的需求。在军事领域,人们普遍认为,优质的信息有利于冲破"战争迷雾",而优质信息是由数据量及其可靠性决定的。

正如克劳塞维茨所分析的:"战争中得到的情报,很大一部分是互相矛盾的,更多的是假的,绝大部分是相当不确实的。这就要求军官具有一定的辨别能力,这种能力只有通过对事物和人的认识和判断才能得到。"面对现代战争中越来越多的信息,如果不能有效提取优质信息,去除其中夹杂的大量"信息糟粕",就可能陷入"信息误区",从而处于信息劣势地位。数据挖掘技术就是从复杂信息中发现关联性、揭示隐蔽性、增强可信性的一门科学,它能够有效弥补人力在信息处理方面的不足,因此在战略态势感知方面越来越需要数据挖掘技术的参与和支持。

3.数据挖掘技术促进态势感知能力的提升

当前,世界各国将态势感知的着眼点落到政治、国防、经济、反恐等多个领域,对于感知的广度和精度有了更高的要求。《孙子兵法》中说:"多算胜,少算不胜。"决定能否"多算"的重要因素在于掌握数据的多少,以及对数据处理能力的高低。

在军事领域,由于不同军事目标之间或军事目标与社会要素有一定的联系和交互,这就为运用数据挖掘技术进行关联性分析提供了可能。除了从公开渠道获取的各类社会信息中提取军事情报,还可以利用地理影像、电磁频谱等方面的海量数据,提取军事活动情况。如,现代战场弥漫着承载各种信号的电磁波,这些信号暗含着各种作战单元之间的复杂关系,即便是在加密条件下,不通过分析信号内容,仅凭信号个性化特征和相互通联关系,也可以在海量数据的分析中,获取有关军事目标的部署位置、活动情况及相互关系。因此,在信息化、网络化飞速发展的条件下,数据挖掘技术对态势感知能力的提升发挥了非常重要的作用。

(二)数据挖掘技术在态势感知运用中的弱点分析

人们在看到数据挖掘技术在提升态势感知能力的同时,也应看到它存在的问题,有些问题会导致态势感知迟滞,有些问题甚至会导致误判,在运用数据挖掘技术时这些问题都需要引起高度的重视。

1.数据处理仍是大问题

当前,信息技术仍在快速发展,带来的影响是高性能通信手段的广泛普及和信息量的进一步暴增,全球各类数据呈指数级、非线性增长到以 PB 为单位的巨量规模。在这种情况下,协调好空间、时间和能力之间的关系尤为重要。在数据挖掘方面,需要空间足够宽广、时间足够压缩、能力足够强大,也就是要求以足够强大的能力解决两个重要问题,即数据采集传输问题和数据分析问题;满足两个重要需求,即领域宽、地域广的需求和时间紧、精度高的需求。针对战略态势感知,大数据之"大",给采集传输和处理分发都带来了严峻的挑战。

美国政府早在2012年就发布了《大数据研发倡议》,同时公布了所有的研发计划,数据挖掘技术研发和运用不断推进,但在实际运行中,面对来自网络、太空、空中、地面、水下等多领域数据采集系统传来的结构化或非结构化的巨量数据,同样面临各种系统不断饱和、通信线路带宽不足、分发运用难以及时的困境。有些领域虽然引入了数据挖掘技术,但人力参与仍不可缺少。数据挖掘技术在战略态势感知运用中,数据处理和分发仍是亟待解决的瓶颈问题。

2.伪装欺骗仍不可忽视

伪装欺骗是态势感知的最大敌人,即便是在信息化条件下,有意而为之的伪装欺骗仍会给基于数据挖掘技术的态势感知造成误判。而且针对数据挖掘技术的特点,有针对性地在一些关键信息上进行掩盖,或者通过民众的力量将虚假信息进行放大,那么真实信息将被数据洪流所淹没,从而达成欺骗的目的。

信息时代,数据挖掘技术在采取和处理数据的过程中,往往是以大量的数据为支撑,而如果是有意识地提供大量与实际情况相反的数据,很可能会成功欺骗大数据感知系统;抑或少量的真实情况,淹没在大量的伪装数据之中,同样难以准确辨识出来。因此,需要人的能动参与,以及把握关键手段或细节,才能有效提升态势感知的准确度。

3.算法选择仍需因地制宜

数据分析算法的科学性对数据挖掘来说至关重要,直接影响所得结论的准确性。对于战略态势感知来说,需要有针对性地运用不同的算法,对特定事件出现的各种征兆或迹象进行采集、质疑、假设、数据补充、验证和评价,这一过程往往需要重复循环进行并不断修正,以提高结论的准确性。然而,有关算法的逻辑基础大多是基于人的判断,虽然人的判断在后续会得到修正,但是如果一开始方向就是错误的,得到的结论可能会距离真相越来越远。

对于战略态势感知来说,数据挖掘算法更需因时、因势、因事而定,片面的或者僵化的算法都将产生严重的误差,而人为因素的全程介入,又将造成一定的主观性,二者的矛盾需要很好地协调解决,才能切实增强感知的有效性。

(三)有关启示

善用数据者制人,不善用者制于人。围绕国家和军队的战略需求,利用数据挖掘技术有针对性地进行态势感知具有越来越重要的意义。未来国与国之间竞争对抗的一个重要方面在于数据,数据的获取能力、处理能力和支撑决策能力将是获得比较优势的关键。发挥好数据挖掘技术的优势,同时修正其存在的问题,将会有效提高战略态势感知能力,并为战略决策提供强有力的支撑。

1.加强顶层设计,着力解决基础支撑问题

基于数据挖掘技术的态势感知是一项事关国家安全和发展利益的系统工程,需要加强顶层设计和宏观谋划,依托国家力量稳步推进。由于态势感知涉及安全领域多、政府部门多、手段技术多,因此应加快协调合作机制建设,促进相关工作的对口衔接和密切配合;应加大投入力度,促进基础设施、手段、力量等方面的建设,着力解决数据采集、传输、处理和分发问题,最大限度地利用全球数据资源。同时,根据我国数据处理能力,构建相应的数据处理模式,努力在数据获取、计算、传输等方面形成平衡,发挥整体的最大效益。国外有关做法可供我们借鉴,但最重要的是结合我国实际,走出一条具有我国特色的发展道路。

2.推进综合集成,着力解决人技结合问题

抓住时代机遇,牢牢把握开发并利用海量数据的主动权,是发展基于数据挖掘技术的态势感知能力的基本着眼点和落脚点。但是在当前的形势下,单纯利用数据挖掘技术来感知战略态势,还存在很多不成熟、不确定的地方。尽管数据挖掘技术已经取得了极大的进步,但我们也应看到其局限性,数据挖掘技术在很多方面无法完全取代人类的智慧和判断。因此,在进行态势感知的过程中,需要注重人的参与,特别是相关领域专业人士的参与,更好地将人类的智慧、经验、知识与科技装备的高速运算、海量存储、光速传输相融合,从而产生更加准确的态势感知结果。

3.突出科技创新,着力解决关键技术问题

大数据中大多是非结构化的数据,要想及时捕捉、存储、聚合和管理这些数据,以及对数据进行深度分析和挖掘,需要强有力的技术能力。尽管美国等西方国家在数据挖掘软件平台和相关产业方面已经初具规模,但是由于应用领域和模式的不断拓展,数据挖掘技术仍处于快速发展和变化之中。

在利用云计算、高性能计算、人工智能技术处理海量数据,进行态势感知方面,我国既有机遇,又有潜力,需要加强科技创新,努力在关键技术上求突破,以技术创新推动态势感知能力的快速提升。在发展路径方面,我国应充分利用社会科研资源和力量,争取在创新成果和产业规模上形成跃升,为利用数据挖掘技术辅助战略决策、支持战略行动方面提供有力支撑。

(四)数据挖掘驱动的威胁态势感知

2012年3月,全球权威的IT研究与顾问咨询公司高德纳发表了一份题为"信息安全正在成为一个大数据分析问题"的报告,表示当前真正的信息安全问题正在由大数据来解决,大数据的出现将对信息安全产生深远的影响。从企业级信息系统威胁态势感知的发展历史我们可以看出目前大数据在信息安全领域已经变得不可或缺了。

第一阶段:安全信息和事件管理(Security Information and Event Manage-ment,SIEM)阶段。

安全信息和事件管理产品和服务结合了安全信息管理和安全事件管理,

它们提供应用程序和网络硬件生成的安全警报的实时分析。

安全信息和事件管理产品及服务负责从大量的企业安全控件、主机操作系统、企业应用和企业使用的其他软件收集安全日志数据，并进行分析和报告。有些SIEM还可以试图阻止它们检测到正在进行的攻击，在一定程度上帮助阻止破坏或者限制成功攻击可能造成的损坏。

安全信息和事件管理的功能如下。

数据聚合：日志管理聚合来自多个来源的数据，包括网络、安全、服务器、数据库、应用程序等，提供整合监控数据的能力，以帮助避免错过关键事件。

相关性：查找公共属性，并将事件链接到有意义的包中。该技术提供了执行各种相关技术以集成不同来源数据的能力，以便将数据转换为有用信息。相关性通常是完整SIEM解决方案中安全事件管理部分的函数。

警报：自动分析相关事件和警报，以通知收件人有紧急问题。警报可以是仪表板，也可以通过电子邮件等第三方渠道发送。

仪表板：可以将获取的事件数据转换为信息图表，以帮助查看或识别。

合规性：可以使用应用程序自动收集合规性数据，按照已有的安全、管理和审计流程生成报告。

保留：使用历史数据的长期存储来促进数据随时间的关联，并提供合规性要求所需的保留。长期日志数据保留在法医调查中至关重要，因为在发生违规时不太可能发现网络泄露。

取证分析：能够根据特定条件在不同节点和时间段上搜索日志。这减轻了必须通过人力聚合日志信息或搜索成千上万的日志的压力。

这一阶段主要是整合了应用程序和网络硬件生成的安全警报，当攻击已经侵入系统中时能及时报警。

第二阶段：安全运营中心（Security Operations Center，SOC）阶段。

安全运营中心是指为保证信息资产的安全，采用集中管理方式统一管理相关安全产品，搜集所有安全信息，并通过对收集的各种安全事件进行深层的分析、统计和关联，及时反映被管理资产的安全基线，定位安全风险，对各类安全事件及时提供处理方法和建议的安全解决方案。

安全运营中心的主要思想是采用多种安全产品的Agent和安全控制中心，最大化地利用技术手段，在统一安全策略的指导下，将系统中的各个安全部件协同起来,实现对各种网络安全资源的集中监控、统一策略管理、智能审计及多种安全功能模块之间的互动,并且能够在多个安全部件协同的基础上实现实时监控、安全事件预警、报表处理、统计分析、应急响应等功能,使得网络安全管理工作由繁变简,更为有效。

对于大型政企来讲,可以运行多个安全运营中心来管理不同的信息和通信技术。

安全运营中心和网络运营中心(NOC)相互补充,协同工作。网络运营中心通常负责监控和维护整个网络基础架构,其主要功能是确保不间断的网络服务。安全运营中心负责保护网络、网站、应用程序、数据库、服务器和数据中心及其他技术。

安全运营中心主要负责以下三个方面。

控制——通过合规性测试、渗透测试、漏洞测试等关注安全状态。

监控——通过日志监控、SIEM 管理和事件响应来关注事件和响应。

运营——专注于运营安全管理,如身份和访问管理、密钥管理、防火墙管理等。

这一阶段集中管理相关安全产品,搜集所有安全信息,并对收集的信息进行分析和处理,在一定程度上可以做到安全事件的预警。

当前阶段:安全情报中心(Security Intelligence Center,SIC)阶段。

今天的信息安全领域面临着诸多挑战。一方面,企业安全架构日趋复杂,各种类型的安全设备越来越多,产生的安全数据也越来越多,已经多到用传统的分析方法无法及时处理这些数据;另一方面,一些新型威胁不断出现,内控与合规不断深入,为了做出更准确的判定和及时的响应,需要获取、保存与分析更多的安全信息。因此,信息安全问题正在逐渐变成一个数据分析问题,大规模的安全数据需要被有效地关联、分析和挖掘,才能应对当前在信息安全领域的挑战。

对于一些难以察觉的安全威胁,用传统的方法会耗费数天甚至数月才能发现,因为大量的互不相干的数据流难以形成简明、有条理的事件脉络。所采集和分析的数据量越大,就越难看出它们之间是否有联系,重构事件所需的时间也越长。哪些资产真正处于威胁风险中,哪些资产有补救控制或应对措施?要回答这些问题,管理员需要监控所有系统的安全状况,包括访问其网络的移动设备和个人拥有设备,并及时确定优先级和补救措施。

大数据的出现有效地解决了上述问题,因为大数据具有以下优点:①扩大了分析内容的范围。传统的威胁分析主要针对的内容为各类安全事件。一个企业的信息资产包括数据资产、软件资产、实物资产、人员资产、服务资产和其他为业务提供支持的无形资产。由于传统威胁检测技术的局限性,其并不能覆盖这六类信息资产,因此所能发现的威胁也是有限的。通过在威胁检测方面引入数据分析技术,可以更全面地发现针对这些信息资产的攻击。比如,通过对企业的客户部订单数据的分析,能够发现一些异常的操作行为,进而判断是否危害公司利益。所以说分析内容范围的扩大使得基于大数据的威胁检测更加全面。②可分析时间跨度更长的内容。现有的许多威胁分析技术都是内存关联性的,也就是说实时收集数据,采用分析技术发现攻击。分析窗口通常受限于内存大小,无法应对持续性、潜伏性的攻击。引入数据分析技术后,威胁分析窗口可以横跨若干年的数据,因此发现威胁的能力更强,可以有效应对高级持续性威胁(APT)类攻击。③预测攻击威胁。传统的安全防护技术或工具大多是在攻击发生后对攻击行为进行分析和归类,并做出响应。基于大数据的威胁分析,可以进行超前的预判,它能够寻找潜在的安全威胁,对未发生的攻击行为进行预防。④可以检测未知的威胁。传统的威胁分析通常是由经验丰富的专业人员根据企业需求和实际情况展开,然而这种威胁分析的结果很大程度上依赖于个人经验。同时,分析所发现的威胁也是已知的。数据分析的特点是侧重于普通的关联分析,而不侧重因果分析,因此通过采用恰当的分析模型,可发现未知威胁。

随着云计算与大数据的发展,安全智能中心成为企业级威胁态势感知平台。安全智能中心以大数据为技术支持,以企业的业务为核心,进行实时的异常检测,实现安全分析智能化与威胁可视化,并提供威胁情报共享、安全台式感知和高级威胁侦测分析等服务。

从安全运营中心(SOC)转化到安全情报中心(SIC),主要变化有:①利用威胁情报智能分析而不是单纯依赖安全厂商和告警反馈。②从基于规则匹配向数据建模、机器学习智能化转变。③从短时间状态监控向长周期趋势变化及动态基线转变。④从单一安全事件监控向整体安全态势感知转变。⑤从依靠自身安全能力向威胁情报共享、风险预测转变。

二、数据挖掘在公共管理方面的应用

（一）数据挖掘的社会价值

数据挖掘技术可以实现巨大的社会价值，主要体现在以下几个方面。

1.能够推动实现巨大经济效益

数据挖掘技术能够推动社会实现巨大经济效益，比如对中国零售业净利润增长的贡献，降低制造业产品开发、组装成本等。

2.能够推动提升社会管理水平

在公共服务领域应用数据挖掘技术，可以有效推动相关工作的开展，提高相关部门的决策水平、服务效率和社会管理水平，产生巨大的社会价值。例如，城市通过分析实时采集的交通流量数据，指导驾车出行者选择最佳路径，从而改善城市交通状况。如果没有高性能的分析工具，大数据的价值就得不到发挥。

对数据挖掘技术必须保持清醒认识，既不能迷信其分析结果，也不能因为其不完全准确而否定其重要作用。

由于各种原因，所分析处理的数据对象中不可避免地会包括各种错误数据、无用数据，加之作为数据挖掘技术核心的数据分析、人工智能等技术尚未完全成熟，所以对计算机完成的数据分析处理的结果，无法要求其完全准确。例如，谷歌通过分析亿万用户的搜索内容能够比专业机构更快地预测流感爆发，但由于也存在无用信息的干扰，这种预测也曾多次出现不准确的情况。

必须清楚定位的是，大数据作用与价值的重点在于能够引导和启发数据挖掘应用者的创新思维辅助决策。简单而言，若是处理一个问题，通常人能够想到一种方法，而大数据能够提供十种参考方法，哪怕其中只有三种可行，也可将解决问题的思路扩展三倍。

所以，客观认识和发挥大数据的作用，不夸大，不贬低，是准确认知和应用大数据的前提。

（二）数据挖掘在政府管理方面的应用

政府数据资源丰富，应用需求旺盛，政府既是大数据发展的推动者，也是数据挖掘技术的受益者。政府应用大数据能更好地响应社会和经济指标变化，解决城市管理、安全管控、行政监管中的实际问题，预测、判断事态走势等。对政府管理而言，大数据的价值在于提高决策科学化与管理精细化的水平。

一方面,政府部门通过数据挖掘可以掌握大量的基础数据资源;另一方面,政府部门在城市管理、安全管控、行政监管等领域对数据挖掘的应用需求旺盛。大数据带来的是从政务信息公开到数据整合共享,它超越了传统行政思维模式,推动政府从"经验治理"转向"科学治理"。

数据挖掘在公共服务中的交通、医疗、教育、预测服务等领域得到广泛应用。随着第三方服务机构的参与,公众需求被不断挖掘,应用场景逐渐丰富。政府或第三方机构可以通过对交通、医疗、教育、天气等领域的大数据实时分析,提高对危机事件和未来趋势的预判能力,为实现更好、更科学的危机响应和事前决策提供了技术基础。

(三)数据挖掘在应对威胁方面的应用

当今的高级威胁需要新的层次化防御模型,使用主动参与技术在网络、负载和终端三个层面进行防御,综合使用两个或者三个层次的解决方案可以提供更为有效的高级威胁防御能力。

随着社会生活"软件化"和"数据化"进程的加速,全球政治图景即将进入一个以人机结合数据驱动为主导的新时代。以往,囿于数据采集和数据分析手段,小样本抽样调查、实验室典型案例观察、历史经验知觉感悟及基于有限变量的因果逻辑推演,构成了社会科学洞悉世界的主要手段。透过小样本调研与结构化数据分析,社会科学研究尤其是国际观察所得到的研究结果多是线性因果推论,复杂性和不确定性被刻意忽略了。在此背景下,冲突预测只能专注于问题的某一侧面而无法顾及全局,越来越难以服务于复杂社会现实中的政治需要。

基于此,传统上以群体间政治为核心观察对象、以结构主义为主导分析路径、以小样本归纳为主要知识生产方式、以传统因果规律为逻辑基础的冲突预测方法正在受到挑战。有学者指出,传统冲突预测研究深陷历史决定论和结构主义迷途,漠视了宏观社会结构其实是由微观施动者之间的互动造就的,忽略了引致冲突爆发的微观基础和微观互动进程。因为一旦忽视了利益相关者的卷入和利益伤害的链条传递效应,就会导致冲突信息的收集只聚焦于特定团体或问题的某个侧面,最终因信息输入的失衡、片面或失真而无法做出有效预测。传统的冲突预测方法亟须反思和重塑。

就此而言,大数据的兴起及其分析技术的应用,或将为国际关系研究中的冲突预测开辟新的理论路径。一方面,随着社会生活网络化、数据化和智能化趋势的日渐增强,微观主体之间的互动将产生更多的数据痕迹,冲突预测研究能够获得较以往任何时候都更为丰富的信号信息;另一方面,由于数据追踪采集手段和数据分析工具的不断升级,冲突预测研究不仅能够深入挖掘更为即时和微观的细节数据,而且能够实现数据的动态、连续和非结构化。这使得冲突预测研究比以往任何时候都更有机会接近观察微观主体之间的互动是如何影响甚至再造社会政治结构的。如安德烈·茨维特所言,大数据或许是我们重塑现行国际关系理论和传统冲突预测方法的历史性契机。

1. 重新审视冲突预测研究中的因果性

冲突预测指借助政治理论、国际关系学说和统计模型,通过在自变量(冲突因子)与因变量(冲突爆发)之间建立因果性关联,感知、预警和预防政治系统中大规模暴力伤害的研究。所谓因果性是指一个变量的存在或变化一定会导致另外一个变量的产生,前后两个变量之间存在必然关系而不是或然联系。正是基于对因果性的认识,传统的冲突预测研究认为,发现必然联系要远重于挖掘偶然相关联系,冲突预测研究的核心任务在于通过变量控制实验,利用多重统计技术识别因果之间的必然联系,然后通过必然性推理感知冲突的爆发,并预测危机事态的未来发展趋向。

从这个意义上说,传统冲突预测是基于因果性的冲突预测。然而,大数据的出现和应用正在改变这一图景,基于相关性的冲突预测正在开辟新的研究路径。

第一,数据挖掘应用提升了国际关系学者在冲突预测研究中对"相关性"的再认知。所谓相关性是指一个变量的变化总是存在伴生现象,即在统计上研究 A 的变化时总能观察到 B 或 C 也在变化,但不能确定究竟是前者 A 引起了后者 B 或 C 的变化,还是后者 B 或 C 引起了前者 A 的变化,很可能 A、B、C 都是其他变量 D 变化所产生的结果。与因果性强调必然关系不同,相关性关注联系的共现性,即 A 现象与 B 现象有无同步共生或前后伴生关系。在疾病预测领域和消费推荐领域,大数据相关性分析已经取得令人瞩目的成就,但在冲突预测领域,相关性分析尚未得到充分重视。当前,围绕着"重视相关性还是重视因果性"以及"如何厘定相关性与因果性二者之间的关系",学术界还存在争议。一种观点认为,相关性比因果性更重要,"建立在相关关系之上的预测分析是大数据的核心",相关关系能够帮助我们更好地了解这个世界。另外一种观点则认为,"放弃了对因果性的追求,就是放弃了人类凌驾于计算机之上的智力优势,是人类自身的放纵和堕落""认为相关重于因果,是某些代表性的数据分析手段(譬如机器学习)里面的实用主义魅影,绝非大数据自身的诉求"。折中主义的观点则认为,"相关关系是对因果派生关系的描述""相关关系根植于因果性""二者不是相互对立的"。但不管持哪一种观点,可以肯定的是,上述相关争论提升了国际关系学者在冲突预测研究中对相关性的认识。

第二,数据挖掘应用激发了研究者在冲突预测研究中对"因果性"的再反思。基于大数据的冲突预测认为,随着社会网络化进程的不断演进,个体的决策和行动越来越根植于广泛的社会网络之中,冲突预测研究原有的行为体"工具理性人"假说日趋滑向"网络社会人"假说。先前统计观察中看似独立的变量已经被"网络化"销蚀得越来越难以独立。一个现象的产生越来越难以被认为是某个单因素或几个不可通约变量各自互不相干、独立作用的结果。在全球互联互通的互动情景下,冲突问题的产生和发展,越来越不像传统冲突理论所描述的那样变量明晰、因果直接且带有必然性。相反,诸多冲突问题的产生与发展越来越表现为过程极为复杂的系统演化结果,即是由诸多意料之外的社会变量和政治变量因缘际会、相互作用的产物。就此而言,传统因果性分析假定自变量通常相互独立而非相互纠缠、相互作用,严重低估了真实冲突场景中各个微观主体之间的频繁互动和各观测变量之间的相互扰动,忽略了各原因变量在事物产生过程中的内在相互作用,也漠视了全球政治的复杂关联性。传统冲突预测研究将自变量之间的耦合关系简单区分为条件变量与核心变量,而不是原因要素的聚合与相互影响才能产生出结果,将自变量与因变量之间的时序相继简单归结为统计上的关联显著,忽略了考察从原因要素耦合到生成最终结果的复杂反应链条上的具体问题。因此,在网络化的社会场景中,传统因果性分析因忽视了自变量之间的相互扰动性而日益陷入难以预测的预测性危机。

第三,大数据的出现和应用或将改变冲突预测研究的前提假设。越来越多的研究者质疑:为什么大多数国际关系理论和冲突预测模型可以完美阐释网络化时代以前的政治变动,却不能有效应对今天的政治挑战,更难以卓有成效地判断未来冲突趋势?究其原因,传统冲突预测研究是以世界彼此分割、社会稀疏互动为假设前提的,微观主体尤其是个人、企业及各类非政府组织等非国家行为体低频、低密度互动,社会信息传递不那么灵敏且极易歪曲。国际政治现象的变动更像是在各个问题领域互不融通、各个群体可以封闭决策的情形下,由一个或几个关键变量独立施加作用的结果,以致在很大程度上以追逐"显著性"和"稳定性"必然联系为特征的因果性分析看似是有效的,甚至可以凭借少数几个原因变量就可以高效、简约地预测大部分国际冲突现象。但是,大体量、连续性和非结构化微观数据的可获得、可计算正在不断放大传统理论的可验证范围,变量之间的相互扰动使得先前看似独立的变量不再那么独立,传统的关键变量决定论正面临严峻挑战。

2. 复杂社会中的"网络社会人"假说

除了批评和质疑因果性之外,大数据的出现和应用还挑战了当前冲突预测研究中占据主导地位的"工具理性人"假说。根据"工具理性人"假说,冲突行动通常被认为是在特定社会结构压力下,作为理性行为体的冲突各方理性抉择的结果。一方面,冲突中的各行为体理性且自私,即每一个冲突群体或个体都将冲突行动视为实现自我利益的工具和手段,从自身利益最大化出发计算成本与收益,考虑利弊,权衡得失。另一方面,冲突行动主要不是表现为微观主体之间难以抑制的情绪性发泄和盲目的从众行为,而是基于特定社会条件、特定资源约束的审慎考量与理性选择。在此情形下,冲突预测的目标主要聚焦于找寻那些有可能诱发冲突的结构性社会条件,并做出符合行为体利益的最大化的理性推测。基于"工具理性人"假说的冲突预测主要适用于预测群体间冲突策略的选择和评估中长期安全态势,但难以预测冲突于何时何地爆发及会带来何种影响。

与之相对照,基于大数据的冲突预测以新的社会情景建构为背景,提出以"网络社会人"假说取代"工具理性人"假说。"网络社会人"假说具体包含以下内容:首先,冲突中的各行为体并非是可以封闭决策、孤立社会的存在,而是身处各种相互嵌套的社会网络联系之中。每一个行为体都可以视作社会联系网上的一个信息和资源节点,通过网络中信息的传递和资源的流动,每个行为体之间彼此是相互学习、相互影响的。其次,各行为体之间连续且不间断的日常互动构成了世界政治体系演化的动力,是微观主体的持续互动造成了宏观层面的冲突态势,冲突预测研究应更多关注从微观到宏观的研究进路。最后,冲突的扩散和蔓延在很大程度上取决于社会关系网络中信息的传递、交换与耦合。就此而言,冲突预测未必非得建立在理性选择与因果性分析之上,通过捕捉散落于社会各个角落的冲突信号,运用大数据相关性分析同样可以预测冲突的爆发与否及冲突的蔓延方向。

"网络社会人"假说预设了一个以信息交换为主导特征的现代网络社会,在这样一个社会中,由于各个行为体是彼此关联、相互扰动的,一切冲突现象的爆发、持续和终止都对应着一系列信息映射(数据)上的变化,通过观察这些作为冲突表征的信息映射(数据)的关联性变化,基于大数据的冲突预测在无关理性选择和因果分析的前提下,可以感知冲突临近与否及即将到来的冲突烈度如何。在某种意义上,"网络社会人"假说下的基于大数据的冲突预测,更多探求的是一种相关性分析,着眼点在于判断映射冲突的N元特征向量是否正在发生同步异变或伴生变化,亦即如果某种类型冲突映射对应着N元特征向量,那么现在通过大数据相关性分析观测到了N−1个对应特征向量发生了同步异变或前后关联变化,则基本上可以判断该种类型冲突正在临近,理论上观测到的对应特征向量同步或伴生变化越多,有关冲突的时空节点和烈度预测也就越准确。概言之,冲突总是有迹可循的,如果一场冲突临近或即将爆发,则事前必然会显现为数据特征上的若干蛛丝马迹。

当然,基于大数据的冲突预测并不是否认或贬低因果性分析在冲突预测中的作用,而是试图在社会复杂互动背景下重新理解和诠释"因果性"的基本内涵,同时提请研究者关注和重新发掘"相关性"在冲突预测中的可能价值。由此,在因果性之外,冲突预测或将存在着一条基于相关性的分析路径。所不同的是,因果性分析侧重从宏观到微观的研究进路,结构主义视角下的理性选择是其典型理论特征;而相关性分析则更加强调从微观到宏观的研究进路,基于关联共现性的特征向量提取和比对是其预测精髓所在。

3. 基于相关性的安全态势感知原理

综上所述,基于大数据的冲突预测不同于传统冲突预测,在某种意义上,它更多体现为现代数据分析技术对社会日常生活数据细微变化的即时捕捉、快速处理和高速计算。就此而言,基于大数据的冲突预测也可以形象地称为"大数据安全态势感知"(Situation Awareness Based on Big Data)。所谓大数据安全态势感知指的是以"网络社会人"和人与人之间的信息交换为前提假设,凭借计算机系统或其他信息手段对社会互动情境中多重冲突因子的捕捉、感知和响应,对冲突态势作出预测和分析。

相比于传统冲突预测研究所推崇的结构主义路径,大数据安全态势感知更加强调将国家想象为由数以亿计的微观主体互动所构成的系统集合,将国际社会看作是跨越国界而又彼此关联的人际关系之网,冲突预测重在监测、考察微观主体之间的互动对宏观结果的影响和塑造,其分析着力点是捕捉网络化社会中微观主体之间的复杂关联与即时信息流动。

大数据安全态势感知具有以下特点:①力求掌握与研究对象有关的更多微观连续性数据而非断续性或典型性数据,着力刻画研究对象的整体特征和微小细节;②力求在传统结构化数据之外容纳非结构化数据(如海量的新闻报道和社交网络记录)分析,追求数据的多样性、混杂性而非精确性;③试图超越研究变量之间传统的因果逻辑,重在探究那些能够引起变化的数据之间的关联共现关系。总体而言,基于大数据的安全态势感知是建立在变量相互扰动说、系统演化论和信息交换论基础之上的特征映射分析,其研究路径更加看重的是微观主体之间的网络化互动、相互影响及群组变量之间的共现关系,而非单因素变量的偶然性显现。

在具体实践领域,大数据安全态势感知对冲突场景作如下假设:作为政治体系的基本构成单元,人是一种高度重视自我利益保护和规避风险的感性动物,且极易受人际关系网络中信息流动的影响,在日常生活实践中人与人之间的互动频度与互动方式是相对稳定的,因此人与人之间的信息传递内容、速度和方式也是相对稳定的,由此决定了个体的行为轨迹及其交际内容在日常实践状态下通常也是高度结构化且可循的。因此,一旦某些数据在特定地区的大多数人群中突然发生同步异变,则很可能是该地区正在遭受经济危机、自然灾害、疾病传播等异常事件之侵扰。

具体而言,大数据安全态势感知的操作逻辑非常接近自然科学领域中的地震预测、医学领域中的"并发症"研究及声学领域中的信号识别。具体到国际关系场景中,当一个地区安全环境恶化时,作为微观主体的个体因身处危险最前沿会率先感受到威胁,继而将采取预防性规避措施并将危险信息和切身感受沿社会网络传递给与之互动的其他个体和群体,由此可能导致越来越多的人改变日常行为。例如,当微观主体凭直觉感到骚乱或动荡临近时,商人会为规避损失而另谋出路,投资者会抽逃资金,旅行者会减少出游,留学生可能会提前回国,居民会囤积生活用品并导致食品和医疗用品大幅涨价、物价指数全面飙升,等等。在现代信息分享机制的促动下,数以亿计的个体微观感知很容易汇集为有关冲突临近的整体性画面。研究者如果凭借大数据手段观测到多重数据信号的同步异变,就可以做出较传统因果性分析不一样的冲突预测。理论上,数据分析观测到的同步异变特征向量越多,冲突预测结果越准确。

4.关联共现视角下的恐怖袭击预测

作为一种基于相关性的分析视角,大数据安全态势感知具体操作可分为以下两个关键步骤。第一,多源数据感知、清洗与挖掘,即利用不同种类传感设备、不同软件程序,从不同数据源挖掘、提取相关数据并去噪音和规整的过程;第二,基于机器学习手段的冲突模式识别,亦即通过大规模数据训练,发现微观行为与宏观冲突之间的关联共现关系,然后利用关联共现概率模型预测冲突类型、冲突规模、冲突烈度及冲突演变态势的过程。目前,在冲突预测研究中经常用到的机器学习模型主要分为有监督学习(Supervised Learning)和无监督学习(Unsupervised Learning)两种,其中有监督学习最常用的训练方法主要有支持向量机、贝叶斯网络、决策树和马尔可夫链等,而无监督学习则主要包括聚类分析和模式挖掘,另外诸如主成分分析、多元回归及信息熵等数值分析法也经常被用来测度群组变量的关联共现关系。

基于大数据安全态势感知的冲突预测,其实质是着眼于关联共现关系的冲突特征模式识别。这一研究路径假定现实世界是一个相互联系而又彼此扰动的关联世界,在这个关联世界里,每个行为体都是"网络社会人"。正是由于难以计数的微观主体之间的持续互动、相互学习和相互影响,世界才具备了不断演化的动力并表现出各种复杂性和不确定性。但即便如此,世界仍然是可以被感知、被预测的,因为宏观现象是由微观主体之间的互动造就的,而微观主体之间的互动在很大程度上表现为信息、物质与能量的交换,在现代数据分析技术条件下,这些互动痕迹通常是可以被记录和分析的。

总体而言,与传统因果性分析相比,大数据安全态势感知基于关联共现性分析实现了现实冲突进程的实时监测与即时预测,在一定程度上支持了复杂科学的"变量相互扰动论"和"系统演化论"及有关人际互动的"信息交换论"。基于此,传统冲突预测需要直面社会不断"网络化"和"数据化"的现实,不断调整、修正逻辑规则以适应未来挑战。

（四）数据挖掘可视化分析技术发展前景

1. 问题与挑战

在大数据时代，数据数量的激增和复杂度的增加对数据探索、分析、理解和呈现带来了巨大挑战。除了直接的统计或者数据挖掘的方式，可视化通过交互式视觉表现的方式来帮助人们探索和解释复杂的数据。一个典型的可视化流程是将数据通过软件程序系统转化为用户可以观察分析的图像。

利用人类视觉系统高通量的特性，用户通过视觉系统，结合自己的背景知识，对可视化结果图像进行认知，从而理解和分析数据的内涵与特征。同时，用户还可以改变可视化程序系统的设置，改变输出的可视化图像，从不同侧面对数据进行理解。因此可视化是一个交互与循环往复的过程。

可视化能够迅速和有效地简化与提炼数据流，帮助用户交互筛选大量的数据，可视化数据（Data）、可视化（Visualization）用户（User）所提供的洞察力有助于使用者更快、更好地从复杂数据中得到新的发现，这使得可视化成为数据科学中不可或缺的重要部分。人类通过作图的方式帮助理解分析数据对象古已有之，例如古时的地图和星图，早期物理学家对实验结果的绘图。现代意义上的可视化源自计算机技术的发展，首先是对科学数据的可视化，其后扩展到更广泛的信息可视化。进入21世纪后，对海量、复杂数据的分析进一步催生了可视化分析，通过可视化界面，结合人机交互和背景自动数据分析挖掘，对海量复杂数据开展分析。

2. 主要进展

在可视化的发展中，首先面对大规模数据挑战的是科学可视化方向。高通量仪器设备、模拟计算及互联网应用等都在快速产生着庞大的数据，对TB乃至PB量级数据的分析和可视化成为现实的挑战。大规模数据的可视化和绘制主要是基于并行算法设计的技术，合理利用有限的计算资源，高效地处理和分析特定数据集的特性。很多情况下，大规模数据可视化的技术通常会结合多分辨率表示等方法，以获得足够的互动性能。在科学大规模数据的并行可视化工作中，主要涉及数据流线化、任务并行化、管道并行化和数据并行化四种基本技术。

数据流线化将大数据分为相互独立的子块后依次处理，在数据规模远远大于计算资源时是主要的一类可视化手段。它能够处理任意大规模的数据，同时也能提供更有效的缓存使用效率,并减少内存交换。但通常这类方法需要较长的处理时间,且难以对数据交互挖掘。在另外一些情况下,数据则是以流的形式实时逐步获得,必须有能够适应数据涌现形式的可视化方法。

任务并行化是把多个独立的任务模块平行处理。这类方法要求将一个算法分解为多个独立的子任务,并需要相应的多重计算资源。其并行程度主要受限于算法的可分解粒度及计算资源中结点的数目。

管道并行化是同时处理各自面向不同数据子块的多个独立的任务模块。任务并行化和管道并行化两类方法,是实现高效分析的关键难点。

数据并行化是将数据分块后进行平行处理,通常称为单程序多数据流(SPMD)模式。这类方法能达到高度的平行化,并且在计算结点增加的时候可以获得较好的可扩展性。对于规模非常大的并行可视化,结点之间的通信往往是制约因素,提供合理的通信模式是高效结果的关键,而提高数据的本地性也可以大大提高效率。以上这些技术在实践中往往相互结合,从而构建一个更高效的解决方法。

在信息可视化和可视分析方面,相对大规模数据的处理,它的出现要晚得多。很多技术,例如多维数据可视化中的平行坐标、多尺度分析、散点图矩阵,层次数据可视化中的树图,图可视化中的多种布局算法,文本可视化的一些基本方法,并不是都有很好的可扩展性。在面对大数据挑战的可视化中,需要做出相应的调整。

传统对网络数据的可视化可以通过图的形式实现,这是将网络中的每个结点简化为图中的结点,网络中的联系可视化为图中的边,这样网络数据的可视化可以通过经典的结点一边的形式表现。这类可视化方法的难点主要在于图的排布算法。有效的图布局应该能够直观地揭示结点之间的联系,类似地,相互联系紧密的结点会聚集在一起。但是现在大规模的网络数据的结点可能高达数百万,甚至高达数亿,这样的网络数据难以使用传统的图可视化方法可视化。

高维信息可以通过维度压缩、平行坐标等手段实现可视化。但是在数据达到一定规模以后,这样的方法并不能很好地扩展。一些可能的方案包括提供一些子空间的选择,用户可以根据分析需要,在高维度空间选择适合问题解决的子空间,从而缩小数据规模。

图形硬件对于大规模数据可视化具有重要意义。最新的超级计算机大量地应用GPU作为计算单元。如何更好地发掘图形硬件潜力，提供更加灵活的数据挖掘可视化和绘制的解决方法是具有重大意义的课题。

面对大数据，结合国际学者的各种观点，相应的数据挖掘可视化与分析也面临着各种挑战。

（1）原位分析（In Situ Analysis）

传统的可视化方式是先将数据存储于磁盘，然后根据可视化的需要进行读取分析。这种处理方式对于超过一定量级的数据来说并不适合。科学家提出了原位可视分析的概念，在数据仍在内存中时就做尽可能多的分析。

对数据进行一定的可视化（同时也是数据规模的简化），能极大地减少I/O的开销，只有极少数的视觉投影后的次生数据需要转移到显示平台。这个方法可以实现数据使用与磁盘读取比例的最大化，从而最大限度地突破I/O的瓶颈。

然而，它也带来了一系列设计与实现上的挑战，包括交互分析、算法、内存、I/O、工作流和线程的相关问题。原位分析要求可视化方案和计算紧密结合，这样很多传统的可视化方法需要进行修改或者筛选才可以用于这样的可视化模式。由于可视化的一部分处理在计算核点上进行，那样就会对可以进行的处理方案有所限制。

（2）数据挖掘可视化中的人机交互

在可视化和可视分析中用户界面与交互设计扮演着越来越重要的角色。用户必须通过合理的交互方式，才可以有效地探索、发现数据中的隐含信息，进行可视推理，通过意义构建，获得新的认知。以人为中心的用户界面与交互设计面临的挑战是复杂和多层次的，并且在不同领域都有交叠。

机器自动处理系统对于一些需要人类参与判断的分析过程往往表现不佳。其他的挑战则源于人的认知能力，现有技术不足以让人的认知能力发挥到极限。我们需要提供更好的人机交互界面和设计，方便使用者，特别是专家用户能够发挥其背景知识，在数据的分析中扮演更加积极的角色。从更广泛的意义上说，可视化可以建立一个可视的交互界面，提供人和数据的对话。

（3）协同与众包可视分析

在大数据时代，个人可能无法面对数据规模增大和复杂度增加带来的挑战。数据分析中往往会分析多种不同来源甚至领域的数据。利用众人的智慧，通过众包等模式进行有效的可视化成为一种必然的选择。在众包可视化工作中,如何设计合理高效的可视化平台,承载相应的复杂、高难度的可视化系统工作;如何设计交互的中间模式,支持多用户的协调工作;如何反映多用户的差别;这些都是可以研究的课题。和协同的可视分析方式比较,协同可视化趋于少数的几个领域专家交互合作开展对数据的可视分析,众包可视化则更趋向不特定多数的使用者,规模也更大。如何开展有效的众包和协同可视化,是非常重要的研究课题。

(4)可扩展性与多级层次问题

在大规模数据可视分析的可扩展性问题上,建立多级层次是主流的解决方法。这种方法可以通过建立不同大小的层面,向用户提供在不同分辨率下的数据浏览分析功能。但是当数据量增大时,层级的深度与复杂性也随之增大。在继承关系复杂且深度大的层次关系中,巡游与搜索最优解是可扩展性分析的主要挑战。

(5)不确定性分析和敏感性分析

不确定性的量化问题可以追溯到由实验测量产生数据的时代。如今,如何量化不确定性已经成为许多领域的重要课题。了解数据中不确定性的来源对于决策和风险分析十分重要。随着数据规模增大,直接处理整个数据集的能力受到了极大的限制。许多数据分析任务中引入数据的不确定性,不确定性的量化及可视化对未来的大数据可视分析工具而言极端重要,我们必须发展可应对不完整数据的分析方法,许多现有算法必须重新设计,进而考虑数据的分布情况。

一些新兴的可视化技术会提供一个不确定性的直观视图,来帮助用户了解风险,进而帮助用户选择正确的参数,减少产生误导性结果的可能。从这个方面来看,不确定性的量化与可视化将成为绝大多数可视分析任务的核心部分。另一方面,对于可视化而言,用户的交互或者新的参数的输入,都会导致不同可视化结果的出现。向用户提供背景知识,告知预期的操作可能引发的可视化结果的变化程度,或者用户当前所在参数空间的周边状况,这些都属于对可视分析结果的敏感性分析,对于高效的可视化交互是极端重要的。

(6)可视化与自动数据计算挖掘的结合

可视化能让用户对数据进行直观分析,用户可以通过交互界面对数据进行分析、了解。同时,我们要注意很多的数据分析是批量的。如何能够将一些比较确定的分析任务利用机器自动完成,同时引导用户进行更具有挑战性的可视分析工作,是可视分析发展中的核心课题。

面向众多领域和大众的可视化工具库,提供相应的工具库可以大大提高不同领域分析数据的能力。大数据时代涌现并推动了很多可视化、商业化的机会。Tableau 的成功上市反映了市场对可视化工具的需求。类似 IBM Many Eyes 这样的在线可视化工具的流行,表明在一定程度上满足了广大普通用户对可视化方法的需求。国际上的几家大公司也在开展相应的研究,企图把可视化引入其不同的数据分析和展示的产品中。各种可能相关的商品也将不断出现,对可视化服务的商业需求将是未来的一个大方向。

数据挖掘是一门新兴的、汇聚多个学科的交叉性学科,这是一个不平凡的处理过程,即从庞大的数据中,将未知、隐含及具备潜在价值的信息进行提取的过程。数据挖掘将高性能计算、机器学习、人工智能、模式识别、统计学、数据可视化、数据库技术和专家系统等多个范畴的理论和技术融合在一起。大数据时代对数据挖掘而言,既是机遇,也是挑战,分析大数据,建立适当的体系,不断地优化,提高决策的准确性,从而更利于掌握并顺应市场的多端变化。在大数据时代,数据挖掘作为最常用的数据分析手段得到了各个领域的认可,目前国内外学者主要研究数据挖掘中的分类、优化、识别、预测等技术在众多领域中的应用。

数据挖掘的主要方法可以概括为预测模型方法、数据分割方法、关联分析法和偏离分析法。解决实际问题时,将已知的数据库蕴含的复杂信息转换成数学的语言,建立数学模型,运用相应的处理方法,结果会更加有效。

第四章 机器学习原理及应用

第一节　机器学习理论基础

一、机器学习的定义和研究意义

从人工智能的角度看,机器学习是一门研究使用计算机获取新的知识和技能,利用经验来改善系统自身的性能、提高现有计算机求解问题能力的学科。按照人工智能大师西蒙在《人工智能科学》一书中的观点,学习就是系统在不断重复的工作中对本身能力的增强或者改进,使得系统在下一次执行同样任务或类似任务时,会比现在做得更好或效率更高。西蒙对学习给出了比较准确的定义。

学习表示系统中的自适应变化,该变化能使系统比上一次更有效地完成同一群体所执行的同样任务。

学习与经验有关,它是一个经验积累的过程,这个过程可能很快,也可能很漫长;学习是对一个系统而言的,这个系统可能是一个计算机系统或一个人机系统,学习可以改善系统性能,是一个有反馈的信息处理与控制过程。因此,经验的积累、性能的完善正是通过重复这一过程来实现的。由此可见,学习是系统积累经验以改善其自身性能的过程。

机器学习与人类思考的经验过程是类似的,不过它能考虑更多的情况,执行更加复杂的计算。事实上,机器学习的一个主要目的就是把人类思考、归纳经验的过程转化为计算机通过对数据的处理计算得出模型的过程。计算机得出的模型能够以近似于人思考的方式解决很多灵活且复杂的问题。

机器学习与模式识别、统计学习、数据挖掘、计算机视觉、语音识别、自然语言处理等领域有着很深的联系。从范围上来说,机器学习与模式识别、统计学习、数据挖掘是类似的,同时,机器学习与其他领域的处理技术的结合,形成了计算机视觉、语音识别、自然语言处理等交叉学科。同时,我们平常所说的机器学习应用,应该是通用的,不仅仅局限在结构化数据,还有图像、音频等。

二、机器学习的发展史

机器学习是人工智能的一个重要分支,其发展主要经过以下几个阶段。

20世纪五六十年代的探索阶段:该阶段主要受神经生理学、生理学和生物学的影响,研究主要侧重于非符号的神经元模型的研究,主要研制通用学习系统,即神经网络或自组织系统。此阶段的主要成果有:感知机、Friedberg等的模拟随机突变和自然选择过程的程序、Hunt等的决策树归纳程序。

20世纪70年代的发展阶段:由于当时专家系统蓬勃发展,知识获取成为当务之急,这给机器学习带来了契机。该阶段主要侧重于符号学习的研究。机器学习的研究脱离了基于统计的以优化理论为基础的研究方法,提出了基于符号运算为基础的机器学习方法,并产生了许多相关的学习系统,主要系统和算法包括:Michalski等人的基于逻辑的归纳学习系统;Michalski和Chilausky的AQ11;Quinlan的ID3程序;Mitchell的版本空间。

20世纪八九十年代:机器学习的基础理论研究越来越受人们的重视。1984年,美国学者Valiant提出了基于概率近似正确性的学习理论(Probably Approximately Correct,PAC),对布尔函数的一些特殊子类的可学习性进行了探讨,将可学习性与计算复杂性联系在一起,并由此派生出了计算学习理论。我国学者洪家荣教授证明了两类布尔表达式即析取范式和合取范式都是PAC不可学习的,揭示了PAC方法的局限性。1995年,Vapnik出版了《统计学习理论》一书。对PAC的研究是一种理论性、存在性的,Vapnik的研究却是构造性的,他将这类研究模型称为支持向量机(Support Vector Machine,SVM)。

21世纪初:机器学习的发展分为两个部分,即浅层学习(Shallow Learning)和深度学习(Deep Learning)。浅层学习起源于20世纪20年代人工神经网络的反向传播算法的发明,使得基于统计的机器学习算法很盛行,虽然这时候的人工神经网络算法也被称为多层感知机,但由于多层网络训练困难,通常都是只有一层隐含层的浅层模型。神经网络研究领域领军者Hinton在2006年提出了神经网络Deep Learning算法,使神经网络的能力大大提高,向支持向量机发出挑战。2006年,Hinton和他的学生在《科学》期刊上发表了论文《利用神经网络进行数据降维》,把神经网络又带回大家的视线中,利用单层的受限玻尔兹曼机自编码预训练使得深层的神经网络训练变得可能,开启了深度学习在学术界和工业界的浪潮。深度学习简单理解起来就是很多层的神经网络。在涉及语音、图像等复杂对象的应用中,深度学习具有非常优越的性能。以往的机器学习对使用者的要求比较高;深度学习涉及的模型复杂度高,只要下功夫调参(修改网络中的参数),性能往往就很好。深度学习缺乏严格的理论基础,但显著降低了机器学习使用者的门槛,其实从另一个角度来看是机器处理速度的大幅度提升。

机器学习是人工智能的核心,它对人类的生产、生活方式产生了重大影响,也引发了激烈的哲学争论。但总的来说,机器学习的发展与其他一般事物的发展并无太大区别,同样可以用哲学的、发展的眼光来看待。机器学习的发展并不是一帆风顺的,也经历了螺旋式上升的过程,成就与坎坷并存。大量研究者的成果促进了今天人工智能的空前繁荣,这是一个量变到质变的过程,也是内因和外因共同起作用的结果。

第二节 机器学习方法

一、机器学习系统的基本结构

学习的过程是建立理论、形成假设和进行归纳推理。下面以西蒙关于学习的定义为出发点,建立如图4-1所示的机器学习系统的基本结构。

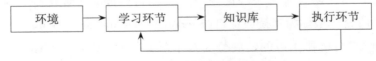

4-1 机器学习系统的基本结构

图4-1表示机器学习系统的基本结构,其中相关元素的含义如下。

环境:外部信息的来源,它将为系统的学习提供有关信息。

学习环节:系统的学习机构,它通过对环境的感知取得外部信息,然后经过分析、综合、类比、归纳等思维过程获得知识,生成新的知识或改进知识库的组织结构。

知识库:代表系统已经具有的知识。

执行环节：基于学习后得到的新的知识库，执行一系列任务，并报告运行结果。

环境和知识库是以某种知识表示形式表达的信息的集合，分别代表外界信息来源和系统具有的知识。学习环节和执行环节代表两个过程。环境向系统的学习环节提供某些信息，而学习环节则利用这些信息对系统的知识库进行改进，以增进系统执行环节完成任务的效能。执行环节根据知识库中的知识来完成某项任务，同时把获得的信息反馈给学习环节。

在具体的应用中，环境、知识库和执行环节决定了具体的工作内容，学习环节所需要解决的问题完全由上述三个部分决定。下面分别叙述这三个部分对设计学习系统的影响。影响学习系统设计的最重要的因素是环境向系统提供的信息，更具体地说，是信息的质量。整个过程要遵循"取之精华，弃之糟粕"的原则，同时谨记"实践是检验真理的唯一标准"。

知识库是影响学习系统设计的第二个因素。知识的表示有多种形式，在选择表示方式时要兼顾以下四个方面：①表达能力强。所选择的表示方式能很容易地表达有关的知识。②易于推理。为了使学习系统的计算代价比较低，知识表示方式应能使推理较为容易。③知识库容易修改。学习系统的本质要求它不断地修改自己的知识库，当推广得出一般执行规则后，需要加到知识库中。④知识表示易于扩展。随着系统学习能力的提高，单一的知识表示已经不能满足需要，一个学习系统有时同时使用几种知识表示方式。

二、机器学习方法的分类

按照不同的分类标准，机器学习方法有多种分类方式，其中常用的有基于学习方法的分类、基于学习方式的分类、基于数据形式的分类、基于学习目标的分类和基于学习策略的分类。下面对这几种分类方式进行简单介绍。

（一）基于学习方法的分类

1. 归纳学习

旨在从大量的经验数据中归纳、抽取一般的判定规则和模式，是从特殊情况中推导一般规则的学习方法。归纳学习可以进一步细分为符号归纳学习和函数归纳学习。

符号归纳学习：典型的符号归纳学习有示例学习和决策树学习。

函数归纳学习（发现学习）：典型的函数归纳学习有神经网络学习、示例学习、发现学习和统计学习。

2.演绎学习

是从一般到特殊的过程,也就是说根据基础原理推演具体情况。

3.类比学习

就是通过类比,即通过对相似事物进行比较所进行的一种学习。典型的类比学习有案例(范例)学习。

4.分析学习

是使用先验知识来演绎、推导一般假设。典型的分析学习有案例(范例)学习和解释学习。

(二)基于学习方式的分类

1.监督学习(有导师学习)

输入有标签的样本,以概率函数、代数函数或人工神经网络为基函数模型,采用迭代计算方法,学习结果为函数。

2.无监督学习(无导师学习)

输入没有标签的样本,采用聚类方法,学习结果为类别。典型的无监督学习有发现学习、聚类、竞争学习等。

3.强化学习(增强学习)

以环境反馈(奖/惩信号)作为输入,以统计和动态规划技术为指导的一种学习方法。

(三)基于数据形式的分类

1.结构化学习

以结构化数据为输入,以数值计算或符号推演为方法。典型的结构化学习有神经网络学习、统计学习、决策树学习和规则学习。

2.非结构化学习

以非结构化数据为输入。典型的非结构化学习有类比学习和案例学习。

(四)基于学习目标的分类

1.概念学习

学习的目标和结果为概念,或者说是为了获得概念的一种学习。典型的概念学习有示例学习。

2. 规则学习

学习的目标和结果为规则,或者说是为了获得规则的一种学习。典型的规则学习有决策树学习。

3. 函数学习

学习的目标和结果为函数,或者说是为了获得函数的一种学习。典型的函数学习有神经网络学习。

4. 类别学习

学习的目标和结果为对象类,或者说是为了获得类别的一种学习。典型的类别学习有聚类分析。

5. 贝叶斯网络学习

学习的目标和结果是贝叶斯网络,或者说是为了获得贝叶斯网络的一种学习,又可分为结构学习和参数学习。

(五)基于学习策略的分类

1. 模拟人脑的机器学习

(1)符号学习

模拟人脑的宏观心理级学习过程,以认知心理学原理为基础,以符号数据为输入,以符号运算为方法,用推理过程在图或状态空间中搜索,学习的目标为概念或规则等。符号学习的典型方法有:记忆学习、示例学习、演绎学习、类比学习、解释学习等。

(2)神经网络学习(或连接学习)

模拟人脑的微观生理级学习过程,以脑和神经科学原理为基础,以人工神经网络为函数结构模型,以数值数据为输入,以数值运算为方法,用迭代过程在系数向量空间中搜索,学习的目标为函数。典型的神经网络学习有权值修正学习和拓扑结构学习。

(3)深度学习

本身算是机器学习的一个分支,可以简单理解为神经网络的发展。

2. 直接采用数学方法的机器学习

直接采用数学方法的机器学习主要有统计机器学习。统计机器学习是近几年被广泛应用的机器学习方法,事实上,这是一类相当广泛的方法。更为广义地说,这是一类方法学。当我们获得一组对问题世界的观测数据时,如果不能或者没有必要对其建立严格的物理模型,则可以使用数学的方法,从这组数据推算问题世界的数学模型,这类模型一般对问题世界不做物理解释,但是,在输入输出之间的关系上却反映了问题世界的实际,这就是"黑箱"原理。一般来说,"黑箱"原理是基于统计方法的(假设问题世界满足一种统计分布),统计机器学习本质上就是"黑箱"原理的延续。与感知机时代不同,由于这类机器学习的科学基础是感知机的延续,因此,神经科学基础不是近代统计机器学习关注的主要问题,数学方法才是研究的焦点。

第三节　机器学习算法的应用

机器学习已经覆盖很多领域,如分子生物学、计算金融学、工业过程控制、行星地质学、信息安全等,且在各个领域都有着广泛的应用。本节主要介绍机器学习中的主动学习在高光谱图像分类中的应用。

高光谱图像技术作为对地观测的一个重要手段,它克服了单波段及多波段遥感影像的特征维度低、包含的地物信息少的缺陷,为近现代的军事、农业、航海、生态环境等领域做出了巨大的贡献。高光谱图像最大的特点是图谱合一、光谱分辨率高,这些特征为地物目标识别提供了有力的依据。但是,在起初的分类处理中,学者们仅利用光谱信息而忽略了空间信息,得到的分类结果并不是很理想。同时,现实中有标记样本的获取需要付出很大的代价,如何在小样本情况下获得理想的分类效果就成了学者们的研究方向。基于支持向量机的主动学习可以很好地解决这个问题,其通过不断学习,选取少量的富含信息的已标记样本,使得分类器的性能得以快速提升。因此,本节通过使用主动学习的分类方法,利用更少的已标记样本获得较高的分类结果。

一、算法原理

在主动学习中,采样策略是至关重要的,它主要由两部分构成:不确定性准则和多样性准则。其中,不确定性准则的目的是选取富含信息的样本,多样性准则的目的是去除冗余样本。采样策略的终极目标是利用少量的富含信息的样本快速提升分类器性能。接下来介绍多类别不确定性采样(Multi-Class Level Uncertainty,MCLU)准则。

MCLU是一个被广泛使用的不确定性采样准则,它是以分类超平面几何距离为依据,通过计算样本相距每个分类超平面的距离,进而得到前两个最大距离的差值,差值越小说明该样本被划分为这两个类别的可信度差不多,则该样本包含的信息量就越大,将其添加到训练样本集后对于分类器性能的提升也会更有效。

按照下式,计算样本的MCLU值:

$$\begin{cases} r_1 = \underset{j=1,2,\cdots,c}{\arg\max}\left\{f_j(x)\right\} \\ r_2 = \underset{j=1,2,\cdots,c,j\neq r_1}{\arg\max}\left\{f_j(x)\right\} \end{cases}$$

$$X^{MCLU} = f_{r1}(x) - f_{r2}(x)$$

其中,r_1表示样本相距分类超平面的距离的最大值的序号,r_2表示样本相距分类超平面的距离的次大值的序号,X^{MCLU}表示样本x的MCLU值。

算法步骤如下:

第一,分别输入一幅待分类的高光谱图像及其对应的图像数据集,该图像数据集包含数据样本的光谱信息和类别标签。

第二,对样本的光谱信息采用主成分分析法进行降维处理,提取前10个主成分PC,即高光谱图像的光谱特征。

第三,根据样本的类别标签,从光谱特征PC的每一类样本中,随机地选取10个训练样本作为训练集T,其余样本为测试集U。

第四,利用训练集T进行SVM有监督分类。

第五,根据最大不确定性MCLU准则,将测试集U中的样本按照其相应MCLU值的大小,从小到大依次排列。

第六,选取测试集U中的前50个样本进行人工标记。

第七,将标记的样本加入训练样本集T,同时将其从测试样本集U中移除,生成新的训练样本集T'和测试样本集U'。

第八,利用训练样本集T',进行SVM有监督分类,得到高光谱图像的分类结果。

第九,判断训练样本集T'中的样本数量是否达到预设数量,若是,则执行步骤十,否则,返回步骤五。

第十,由分类结果构造最终分类图,输出最终分类图。

二、高光谱图像分类精度的评价

在高光谱图像分类中,常用于评价算法性能的指标有总体精度(Overall Accuracy,OA)、平均精度(Average Accuracy,AA)和Kappa系数(Kappa Coeff-cient)。

总体精度:将分类结果正确的样本数除以全部样本数后得到的数值称为总体精度,范围在0%~100%,且数值越大表示算法性能越好。

平均精度:先计算各个类别中正确分类样本所占的比重,得到每类的分类精度,然后求出这些精度的均值即为平均精度,范围在0%~100%,且数值越大表示算法性能越好。

Kappa系数:Kappa系数计算过程中用到了混淆矩阵。设混淆矩阵E的表达式如下:

$$E = \begin{matrix} e_{11} & \cdots & e_{1L} \\ \vdots & \ddots & \vdots \\ e_{L1} & \cdots & e_{LL} \end{matrix}$$

其中,L表示样本类别数,$e_{i_2 j_2}$表示类别j_2被识别为类别i_2的样本数量,$i_2=1,2,\cdots,L$,$j_2=1,2,\cdots,L$,样本总数为n。那么Kappa系数的计算公式为:

$$\text{Kappa} = \frac{n\left(\sum_{i_2=1}^{L} e_{i_2 j_2}\right) - \sum_{i_2=1}^{L}\left(\sum_{j_2=1}^{L} e_{i_2 j_2} \sum_{j_2=1}^{L} e_{j_2 i_2}\right)}{n^2 - \sum_{i_2=1}^{L}\left(\sum_{j_2=1}^{L} e_{i_2 j_2} \sum_{j_2=1}^{L} e_{j_2 i_2}\right)}$$

Kappa系数的范围为$-1\sim1$,通常是落在$0\sim1$,且数值越大代表算法的性能越好。

第五章 自然语言处理原理及应用

语言是用于传递信息的表示方法、约定和规则的集合,是音义结合的词汇和语法体系,语音和文字是构成语言的两个基本属性。自然语言是区别于形式语言或人工语言的人际交流的口头语言和书面语言。自然语言处理是研究用计算机处理人类语言文字的学科,其研究目标是用计算机实现对自然语言形态的文字及信息的处理,是一门涉及计算机科学、语言学、数学、认知科学、逻辑学、心理学等学科的交叉学科。自然语言处理,宏观上指机器能够执行人类所期望的某些语言功能,微观上指从自然语言到机器内部之间的一种映射。自然语言处理也称为计算语言学。

第一节　自然语言处理概述

由于互联网产业和传统产业信息化的各种应用需求的增多,更多的研究人员和更多的经费支持进入了自然语言处理领域,有力地促进了自然语言处理技术和应用的发展。语言数据的不断增长,可用的语言资源的持续增加,语言资源加工能力的稳步提高,为研究人员提供了发展更多语言处理技术、开发更多应用、进行更丰富测评的平台。近年来,深度学习技术的飞速发展,刺激了研究人员对新的自然语言处理技术的探索。同时,来自其他相近学科背景及工业界人员的不断加入,也为自然语言处理技术的发展带来了一些新思路。计算和存储设备的飞速发展,提供了越来越强大的计算和存储能力,使得研究人员有可能构建更为复杂精巧的计算模型,处理更为大规模的真实语言数据。

自然语言处理研究的内容不仅包括词法分析、句法分析,还涵盖了语音识别、机器翻译、自动问答、文本摘要等应用和社交网络中的数据挖掘、知识理解等。自然语言处理的终极问题是分析出"处理"一门自然语言的过程。近年来,随着自然语言处理技术的迅速发展,出现了一批基于自然语言处理技术的应用系统。例如,IBM 的 Watson 在电视问答节目中战胜人类冠军,苹果公司的 Siri 个人助理被大众广为测试,谷歌、微软、百度等公司纷纷发布个人智能助理等,自然语言处理渗透到了人们生活的各方面。

一、汉语信息处理技术方面的进展

汉语信息处理包括汉字信息处理和汉语信息处理,是自然语言处理的一个重要组成部分。汉字信息处理主要指以汉字为处理对象的相关技术,包括汉字字符集的确定、编码、字形描述与生成、存储、输入、输出、编辑、排版及字频统计和汉字属性库构造等。在汉字信息处理中,有两个问题最引人注目,一是汉字的输入问题,二是汉字的排版、印刷问题。速记专家唐亚伟发明的亚伟中文速录机,实现了由手写速记跨越到机械速记的历史性突破。以北京大学王选院士为代表的从事汉字照排和激光印刷技术研究的老一代专家,在解决巨量汉字字形信息存储和输出等问题中做出了卓越贡献。1981 年,汉字激光照排系统原理性样机通过鉴定,1985 年,激光照排系统在新华社投入使用。

汉语切分是汉语信息处理的基础,大多数其他汉语信息处理技术和应用都会在汉语切分的基础上进行,因此汉语切分是汉语语言信息处理技术中开展得最早的研究主题之一。不同于英语,汉语是以字串的形式出现,词与词之间没有空格,自动识别字串中的词即为汉语切分。不仅仅在国内,在国际上也有很多学者加入了这个主题的研究中。国际上颇有影响的计算语言学协会(Association for Computational Linguistics,ACL)下设的特殊兴趣小组从 2003 年开始组织汉语切分技术的国际评测,一直持续到现在。

以冯志伟教授等为代表的计算语言学学者早期在机器翻译研究方面做了大量的工作,并总结了不少宝贵的经验和方法,为后来的计算语言学研究奠定了基础。清华大学的黄昌宁教授领导的计算语言学研究实验室,主要从事基于语料库的汉语理解。近年来,在自动分词,自动建造知识库,自动生成句法规则,自动统计字、词、短语的使用及关联频率方面做了大量的工作并发表了不少极具参考价值的论文。东北大学的姚天顺教授和哈尔滨工业大学的王开铸教授等在计算语言学的语篇理解方面(特别在结合语义方面)进行了有价值的尝试并取得了一定的成绩。中国科学院的黄曾阳先生在进行自然语言理解的研究中，经历了长达八年的探索和总结，在语义表达方面归纳出一套具有自己特色的理论，提出了概念层次网络（Hierarchical Network of Concepts，HNC）理论，这是面向整个自然语言理解的理论框架。这个理论框架是以语义表达为基础，并以一种概念化、层次化和网络化的形式来实现对知识的表达，这一理论的提出为语义处理开辟了一条新路。

二、少数民族语言文字信息处理技术的进展

我国少数民族语言文字信息化工作始于20世纪80年代，几十年来，我国少数民族语言文字信息处理技术取得了巨大成就，先后有多种少数民族语言文字实现了信息化处理。当前少数民族语言文字信息化主要涉及蒙古、藏、维吾尔、哈萨克、柯尔克孜、朝鲜、彝等少数民族语言文字，已制定多种传统通用少数民族文字编码字符集、字形、键盘的国家标准和国际标准；开发了多种支持少数民族文字处理的系统软件和应用软件；多种少数民族文字电子出版系统、办公自动化系统投入使用；各类少数民族文化资源数据库、少数民族文字网站陆续建成；少数民族语言文字的识别、少数民族语言机器翻译等也有一定进展。通过收集整理各少数民族文字建立的"中华大字符集"，为收集、整理、保存和抢救我国少数民族文化遗产工程打下了基础，主要取得了以下四个方面的成果。

（一）少数民族文字信息化平台建设

制定了《信息处理交换用蒙古文七位和八位编码图形字符集》《信息技术 信息交换用藏文编码字符集 基本集》《信息技术 维吾尔文、哈萨克文、柯尔克孜文编码字符集》《信息交换用朝鲜文字编码字符集》《信息交换用彝文编码字符集》等。

制定了信息交换用蒙古文、藏文、维吾尔文、哈萨克文、柯尔克孜文、锡伯文、满文、彝文、傣文等少数民族文字键盘布局国家标准和常用字体的字形标准，制作了丰富多彩的少数民族文字库。以现有的中文平台为基础，开发符合国际化和本地化标准的支持蒙古、藏、维吾尔、彝、傣等少数民族语言文字的通用系统平台。

（二）少数民族语言文字资源库建设

已经建设的少数民族语言文字资源库主要有现代蒙古语语料库、蒙古语语言知识库、藏语语料库、现代藏语语法信息词典数据库、汉藏语系语言词汇

语音数据库、中国朝鲜语语料库、云南少数民族语言文字资源库等。

(三)少数民族语言文字网站建设

建立了蒙古文网站,使得蒙古文在网络上得到广泛应用;西藏自治区藏语委办(编译局)在教育部语言文字信息管理司的支持下,建设了藏汉双语网站,在宣传党和国家方针政策等方面发挥了积极作用。新疆维吾尔自治区人民政府网站开通维吾尔文版。朝鲜文、彝文网站也已相继推出。

(四)少数民族语言文字软件研发和应用

蒙古文在20世纪80年代就实现了计算机的输入、输出,研发了一系列字词处理软件、电子排版印刷软件,开发了多种文字系统、词类自动标注系统、传统蒙古文图书管理系统、蒙医诊查系统、电视节目排版系统等二十多种管理系统。

开发了基于Linux的藏文操作系统、藏文输入系统、藏文办公套件;开发了基于Windows的藏文浏览器及网页制作工具,开发了藏文电子出版系统、藏文政府办公系统、藏文软件标准性检测系统、全面支持藏文的Windows Vista操作系统、藏文无线通信系统等。

20世纪90年代以来,研发了多种维吾尔文、哈萨克文、柯尔克孜文、锡伯文操作系统和应用软件,实现了上述各文种的电子出版,开发了多种支持少数民族文字处理的系统软件和应用软件。主要有:Windows系列的维吾尔文、哈萨克文、柯尔克孜文系统,维吾尔文、哈萨克文、柯尔克孜文文化广播文稿系统,基于Windows 98/、Windows 2000、Windows XP的维吾尔文、哈萨克文、柯尔克孜文输入法及各种专业类软件,基于ISO 10646的维吾尔文、哈萨克文、柯尔克孜文电子出版系统等。

开发了朝鲜文操作系统,开发了朝鲜文、汉文字幕系统和电子出版系统及机器翻译系统,朝鲜文、汉文、英文语音兼容处理系统,朝鲜文文字识别系统等。

开发了基于ISO 10646的傣文电子出版系统,傣文输入法软件,傣文书刊、报刊、公文排版软件等。目前已有十多种彝文信息处理系统问世。

近年来,少数民族语言文字信息化被广泛应用在日常通信中。2004年,我国第一款少数民族语言文字手机——维吾尔文手机问世,2007年,中国移动内蒙古公司推出了蒙古文手机。

三、自然语言处理的研究领域和方向

自然语言处理包括自然语言理解和自然语言生成两个方面。自然语言理解系统把自然语言转化为计算机程序更易于处理和理解的形式。自然语言生成系统则把与自然语言有关的计算机数据转化为自然语言。自然语言处理与自然语言理解的研究内容大致相当,自然语言生成往往与机器翻译等同,涉及文本翻译和语音翻译。按照应用领域的不同,以下介绍自然语言处理的几个主要研究方向。

(一)光学学符识别

光学字符识别(Optical Character Recognition, OCR)借助计算机系统自动识别印刷体或者手写体文字,把它们转换为可供计算机处理的电子文本。对于文字的识别,主要研究字符的图像识别,而对于高性能的文字识别系统,往往需要同时研究语言理解技术。

(二)语音识别

语音识别(Speech Recognition)也称为自动语音识别(Automatic Speech Recognition, ASR),目标是将人类语音中的词汇内容用计算机刻度的书面语表示。语音识别技术的应用包括语音拨号、语音导航、室内设备控制、语音文档检索、简单的听写数据录入等。

(三)机器翻译

机器翻译(Machine Translation)研究借助计算机程序把文字或演讲从一种自然语言自动翻译成另一种自然语言,即把一种自然语言的字词变换为另一种自然语言的字词,使用语料库技术可以实现更加复杂的自动翻译。

(四)自动文摘

自动文摘(Automatic Summarization)是应用计算机对指定的文章做摘要的过程,即自动归纳原文章的主要内容和含义,提炼并形成摘要或缩写。常用的自动文摘是机械文摘,根据文章的外在特征提取能够表达该文章中心思想的部分原文句子,并把它们组成连贯的摘要。

(五)句法分析

句法分析(Syntax Parsing)运用自然语言的句法和其他相关知识来确定组成输入句各成分的功能,以建立一种数据结构并用于获取输入句意义的技术。

（六）文本分类

文本分类（Text Categorization）又称为文档分类，是在给定的分类系统和分类标准下，根据文本内容，利用计算机自动判别文本类别，实现文本自动归类的过程，包括学习和分类两个过程。

（七）信息检索

信息检索（Information Retrieval）又称情报检索，是利用计算机系统从海量文档中查找用户需要的相关文档的查询方法和查询过程。

（八）信息抽取

信息抽取（Information Extraction）主要是指利用计算机从大量的结构化或半结构化的文本中自动抽取特定的一类信息，并使其形成结构化数据，填入数据库供用户查询使用的过程，目标是允许计算非结构化的资料。

（九）信息过滤

信息过滤（Information Filtering）是指应用计算机系统自动识别和过滤那些满足特定条件的文档信息。一般指根据某些特定要求，自动识别网络有害信息，过滤和删除互联网中某些敏感信息的过程，主要用于信息安全和防护等。

（十）自然语言生成

自然语言生成（Natural Language Generation）是指将句法或语义信息的内部表示，转换为自然语言符号组成的符号串的过程，是一种从深层结构到表层结构的转换技术，是自然语言理解的逆过程。

（十一）中文自动分词

中文自动分词（Chinese Word Segmentation）是指使用计算机自动对中文文本进行词语的切分。中文自动分词是中文自然语言处理中一个最基本的环节。

（十二）语音合成

语音合成（Speech Synthesis）又称为文语转换，是将书面文本自动转换成对应的语音表征。

（十三）问答系统

问答系统（Question Answering System）是借助计算机系统对人提出问题的理解，通过自动推理等方法，在相关知识资源中自动求解答案，并对问题做出相应的回答。回答技术与语音技术、多模态输入输出技术、人机交互技术相结合,构成人机对话系统。

此外,自然语言处理的研究方向还有语言教学、词性标注、自动校对及讲话者识别、辨识、验证等。

第二节 自然语言理解

语言被表示成一连串的文字符号或者一串声流,其内部是一个层次化的结构。一个文字表达的句子是由词素到词或词形,再到词组或句子,用声音表达的句子则是由音素到音节,再到音词,最后到音句,其中的每个层次都受到文法规则的约束,因此语言的处理过程也应当是一个层次化的过程。

语言学是以人类语言为研究对象的学科。它的探索范围包括语言的结构、语言的运用、语言的社会功能和历史发展,以及其他与语言有关的问题。自然语言理解不仅需要语言学方面的知识,而且需要与所理解话题相关的背景知识,必须很好地结合这两方面的知识,才能建立有效的自然语言理解。自然语言理解的研究可以分为三个时期:20世纪四五十年代的萌芽时期,20世纪六七十年代的发展时期和20世纪80年代以后走向实用化、大规模进行真实文本处理的时期。

一、自然语言分析的层次

语言学家定义了自然语言分析的不同层次。

(一)韵律学(Prosody)处理语言的节奏和语调

这一层次的分析很难形式化,经常被省略,然而,其作用在诗歌中是很明显的,就如同节奏在儿童记单词和婴儿牙牙学语中所具有的作用一样。

(二)音韵学(Phonology)处理的是形成语言的声音

语言学的这一分支对于计算机语音识别和生成很重要。

(三)形态学(Morphology)涉及组成单词的成分(词素)

形态学包括控制单词构成的规律,如前缀(un-, non-, anti-等)的作用和改变词根含义的后缀(-ing, -ly等)。形态分析对于确定单词在句子中的作用很重要,包括时态、数量和部分语音。

（四）语法（Syntax）研究

这是将单词组合成合法的短语和句子的规律,并运用这些规律解析和生成句子。

（五）语义学（Semantics）

考虑单词、短语和句子的意思及在自然语言表示中传达意思的方法。

（六）语用学（Pragmatics）

研究使用语言的方法和对听众造成的效果,例如,语用学能够指出为什么通常用"知道"来回答"你知道几点了吗?"是不合适的。

（七）世界知识（World Knowledge）

它包括自然世界、人类社会交互世界的知识以及交流中目标和意图的作用。这些通用的背景知识对于理解文字或对话的完整含义是必不可少的。语言是一个复杂的现象,包括各种处理,如声音或印刷字母的识别、语法解析、高层语义推论,甚至通过节奏和音调传达的情感内容。

虽然这些分析层次看上去是自然而然的而且符合心理学的规律,但是从某种程度来说,它们是强加在语言上的人工划分。它们之间广泛交互,即使很低层的语调和节奏变化也会对说话的意思产生影响,例如讽刺的使用。这种交互在语法和语义的关系中体现得非常明显,虽然沿着这些界线进行某些划分似乎很有必要,但是确切的分界线很难定义。例如,像"They are eating apples."这样的句子有多种解析,只有注意上下文的意思才能决定。语法也会影响语义。虽然我们经常讨论语法和语义之间的精确区别,但对它们在心理学层面有区别的证据和它们在复杂管理问题中的作用只会有保留地予以探讨。

自然语言理解程序通常将原句子的含义翻译成一种内部表示,包括如下三个阶段。

第一个阶段是解析、分析句子的句法结构。解析的任务在于既验证句子在句法上的合理构成,又决定语言的结构。通过识别主要的语言关系,如主谓结构、动宾结构,解析器可以为语义解释提供一个框架。我们通常用解析树来表示它。解析器运用的知识是语言中的语法、词态和部分语义。

第二个阶段是语义解释,旨在对文本的含义生成一种表示,如概念图。其他一些通用的表示方法包括概念依赖、框架和基于逻辑的表示法等。

第三个阶段要完成的任务是将知识库中的结构添加到句子的内部表示中,以生成句子含义的扩充表示。这样产生的结构表达了自然语言文字的意思,可以被系统用来进行后续处理。

二、自然语言理解的层次

自然语言理解中至少有三个主要问题。首先,需要具备大量的人类知识。语言动作描述的是复杂世界中的关系,关于这些关系的知识必须是理解系统的一部分。其次,语言是基于模式的:音素构成单词,单词组成短语和句子。音素、单词和句子的顺序不是随机的,没有规范使用这些元素,就不可能达成交流。最后,语言动作是主体的产物,主体或者是人或者是计算机。主体处在个体层面和社会层面的复杂环境中,语言动作都是有目的的。

从微观上讲,自然语言理解是指从自然语言到机器内部的映射;从宏观上看,自然语言是指机器能够执行人类所期望的某些语言功能。这些功能主要包括如下几方面:①回答问题。计算机能正确地回答用自然语言输入的有关问题。②文摘生成。机器能产生输入文本的摘要。③释义。机器能用不同的词语和句型来复述输入的自然语言信息。④翻译。机器能把一种语言翻译成另外一种语言。

许多语言学家将自然语言理解分为五个层次:语音分析、词法分析、句法分析、语义分析和语用分析。

(一)语音分析

语音分析就是根据音位规则,从语音流中区分出一个个独立的音素,再根据音位形态规则找出一个个音节及其对应的词素或词。

(二)词法分析

词法指词位的构成和变化的规则,主要研究词自身的结构与性质。词法分析的主要目的是找出词汇的各个词素,从中获得语言学信息。

(三)句法分析

句法是指组词成句的规则,是语言在长期发展过程中形成的,全体成员必须共同遵守的规则。句法分析是对句子和短语的结构进行分析,找出词、短语等的相互关系及各自在句子中的作用等,并以一种层次结构加以表达。层次结构可以是反映从属关系、直接成分关系,也可以是语法功能关系。自动句法分析的方法主要有短语结构语法、格语法、扩充转移网络、功能语法等。

(四)语义分析

语义分析就是通过分析找出词义、结构意义及其结合意义,从而确定语言所表达的真正含义或概念。

(五)语用分析

语用分析就是研究语言所存在的外界环境对语言使用所产生的影响。它描述语言的环境知识,语言与语言使用者在某个给定语言环境中的关系。关注语用信息的自然语言处理系统更侧重于讲话者/听话者模型的设定,而不是处理嵌入到给定话语中的结构信息。构建这些模型的难点在于如何把自然语言处理的不同方面及各种不确定的生理、心理、社会及文化等背景因素集中到一个完整连贯的模型中。

第三节　词法分析

词法分析是理解单词的基础,其主要目的是从句子中切分出单词,找出词汇的各个词素,从中获得单词的语言学信息并确定单词的词义,如unchangeable是由un、change、able构成的,其词义由这三个部分构成。不同的语言对词法分析有不同的要求,例如,英语和汉语就有较大的差距。在英语等语言中,因为单词之间是以空格自然分开的,切分一个单词很容易,所以找出句子中的一个个词汇就很方便。但是由于英语单词有词性、数、时态、派生及变形等变化,要找出各个词素就复杂得多,需要对前缀或后缀进行分析,如importable,它可以是im、port、able,也可以是import、able,这是因为im、port、able这三个都是词素。

词法分析可以从词素中获得许多有用的语言学信息,如英语中构成后缀的词素"s"通常表示名词复数或动词第三人称单数,"ly"通常是副词的后缀,动词的过去分词通常是在动词末尾加"ed"等,这些信息对于句法分析也是非常有用的。一个词可有许多种派生、变形,如work,可变化出works、worked、working、worker、workable等。这些派生的、变形的词,如果全放入词典将是非常庞大的,而它们的词根只有一个。自然语言理解系统中的电子词典一般只放词根,并支持词素分析,这样可以大大压缩电子词典的规模。

下面是一个英语词法分析的算法,它可以对那些按英语语法规则变化的英语单词进行分析。

Repeat.

Look for study in dictionary.

If not found.

Then modify the study.

Until study is found no further modification possible.

其中"study"是一个变量,初始值就是当前的单词。

例如,对于单词matches、ladies可以做如下分析。

Matches studies 词典中查不到

Matche studie 修改1:去掉"-s"

Match studi 修改2:去掉"-e"

Study 修改3:把"i"变成"y"

在修改2的时候,就可以找到"match",在修改3的时候就可以找到"study"。

英语词法分析的难度在于词义判断,因为单词往往有多种解释,仅仅依靠查词典常常无法判断。例如,对于单词"diamond"有多种解释:菱形,边长均相等的四边形,棒球场,钻石,等。要判定单词的词义只能依靠对句子中其他相关单词和词组的分析。例如句子"John saw Slisan's diamond shining from across the room."中"diamond"的词义必定是钻石,因为只有钻石才能发光,而菱形和棒球场是不闪光的。作为对照,汉语中的每个字就是一个词素,所以要找出各个词素相当容易,但要切分出各个词就非常困难,不仅需要构词的知识,还需要解决可能遇到的切分歧义,如"不是人才学人才学",可以是"不是人才——学人才学",也可以是"不是人——才学人才学"。

第四节 句法分析

句法分析主要有两个作用:①对句子或短语结构进行分析,以确定构成句子的各个词、短语之间的关系及各自在句子中的作用等,并将这些关系用层次结构加以表达。②对句法结构进行规范化。在对一个句子进行分析的过程中,如果把分析句子各成分间的关系的推导过程用树形图表示出来的话,那么这种图被称为句法分析树。句法分析是由专门设计的分析器进行的,分析过程就是构造句法分析树的过程,将每个输入的合法语句转换为一棵句法分析树。

分析自然语言的方法主要分为基于规则的方法和基于统计的方法两类。这里主要介绍基于规则的方法。

一、短语结构文法

短语结构文法G的形式化定义如下:

$$G=(V_1,V_n,S,P)$$

其中:V_1是终结符的集合,终结符是指被定义的那个语言的词(或符号);V_n是非终结符号的集合,这些符号不能出现在最终生成的句子中,是专门用来描述文法的;V是由V_1和V_n共同组成的符号集,$V=V_1\cup V_n$,$V_1\cap V_n=\varphi$;S是起始符,它是集合V_n中的一个成员;P是产生式规则集,每条产生式规则具有$a\to b$形式,其中$a\in V^+$,$b\in V^*$,$a\neq b$,$V*$表示由V中的符号所构成的全部符号串(包括空符号串φ)的集合,V^+表示V^*中除空符号串φ之外的一切符号串的集合。

采用短语结构文法定义的某种语言,是由一系列规则组成的。

二、乔姆斯基文法体系

乔姆斯基以有限自动机为工具刻画语言的文法,把有限状态语言定义为由有限状态文法生成的语言,于1956年建立了自然语言的有限状态模型。乔姆斯基采用代数和集合论,把形式语言定义为符号序列,根据形式文法中所使用的规则集,定义了下列四种形式的文法:①无约束短语结构文法,又称0型文法。②上下文有关文法,又称1型文法。③上下文无关文法,又称2型文法。④正则文法,即有限状态文法,又称3型文法。

型号越高,所受约束越多,生成能力就越弱,能生成的语言集就越小,也就是说,型号的描述能力就越弱。下面简要讨论这几类文法。

正则文法又称有限状态文法,只能生成非常简单的句子。

自然语言是一种与上下文有关的语言,上下文有关语言需要用1型文法描述。文法规则允许其左部有多个符号(至少包括一个非终结符),以指示上下文相关性,即上下文有关指的是对非终结符进行替换时需要考虑该符号所处的上下文环境。但要求规则的右部符号的个数不少于左部,以确保语言的递归性。对于产生式：

$$aAb \rightarrow ayb(A \in V_n, y \neq \phi, a \text{和} b \text{不能同时为} \phi)$$

当用 y 替换 A 时,只能在上下文为 a 和 b 时才可进行。

由于上下文无关语言的句法分析远比上下文有关语言有效,因此希望在增强上下文无关语言的句法分析的基础上,实现自然语言的自动理解。ATN 就是基于这种思想实现的一种自然语言句法分析技术。

如果不对短语结构文法的产生式规则的两边做更多的限制,而仅要求 x 中至少含有一个非终结符,那么就会成为乔姆斯基文法体系中生成能力最强的一种形式文法,即无约束短语结构文法。

三、句法分析树

在对一个句子进行分析的过程中,如果把分析句子各成分间关系的推导过程用树形图表示出来,那么这种图被称为句法分析树,如图5-1所示。

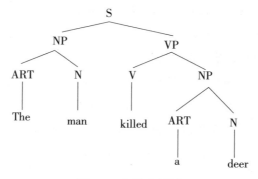

图5-1 句法分析树

四、转移网络

句法分析中的转移网络由结点和带有标记的弧组成,结点表示状态,弧对应符号,基于该符号,可以实现从一个给定的状态转移到另一个状态。重写规则的转移网络如图5-2所示。

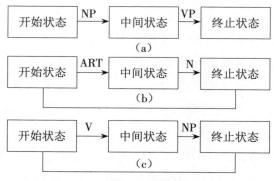

图5-2 重写规则的转移网络

用转移网络分析一个句子,首先从句子S开始启动转移网络。如果句子表示形成和转移网络的部分结构(NP)匹配,那么控制会转移到和NP相关的网络部分。这样,转移网络进入中间状态,然后接着检查VP短语,在VP的转移网络中,假设整个VP匹配成功,则控制会转移到终止状态,并结束。

扩充转移网络(Augmented Transition Network,ATN)文法属于一种增强型的上下文无关文法,即用上下文无关文法描述句子文法结构,并同时提供有效的方式,将各种理解语句所需的知识加到分析系统中,以增强分析功能,从而使得应用ATN的句法分析程序具有分析上下文有关语言的能力。ATN主要是对转移网络中的弧附加了过程而得到的。当通过一个弧的时候,附加在该弧上的过程就会被执行。这些过程的主要功能有:①对文法特征进行赋值;②检查数或人称(第一、第二或第三人称)条件是否满足,并据此允许或不允许转移。

第五节 语义分析

句法分析通过后并不等于已经理解了所分析的句子,至少还需要进行语义分析,把分析得到的句法成分与应用领域中的目标表示相关联,才能产生唯一正确的理解。简单的做法就是依次使用独立的句法分析程序和语义解释程序。这样做的问题是,在很多情况下句法分析和语义分析相分离,常常无法决定句子的结构。ATN允许把语义信息加进句法分析,并充分支持语义解释。为有效地实现语义分析,并能与句法分析紧密结合,学者们给出了多种进行语义分析的方法,这里主要介绍语义文法和格文法。

一、语义文法

语义文法是将文法知识和语义知识组合起来,以统一的方式定义为文法规则集。语义文法是上下文无关的,形态上与面向自然语言的常见文法相同,只是不采用 NP、VP 及 PP 等表示句法成分的非终止符,而是使用能表示语义类型的符号,从而可以定义包含语义信息的文法规则。

下面是一个关于舰船的例子,可以看出语义文法在语义分析中的作用。

S→PRESENT the ATTRIBUTE of SHIP

PRESENT→what can you tell me

ATTRIBUTE→length class

SHIP→the SHIP NAME CLASSNAME class ship

SHIPNAME→Huanghe Changjiang

CLASSNAME→carrier submarine.

二、格文法

格文法主要是为了找出动词和跟动词处在同样结构关系中的名词的语义关系,同时也涉及动词或动词短语与其他各种名词短语之间的关系。格文法的特点是允许以动词为中心构造分析结果,尽管文法规则只描述句法,但分析结果产生的结构却对应语义关系,而非严格的句法关系。

在格表示中,一个语句包含的名词词组和介词词组均以它们与句子中动词的关系来表示,称为格。在格文法中,格表示的语义方面的关系,反映的是句子中包含的思想、观念等,称为深层格。格文法对于句子的深层语义有着更好的描述。无论句子的表层形式如何变化,如主动语态变为被动语态,陈述句变为疑问句,肯定句变为否定句等,其底层的语义关系、各名词成分所代表的格关系不会发生相应的变化。

规则化的知识库则为机器提供了推理能力。当超级计算机沃森在《危险边缘》中面对这样一个问题"When 60 Minutes premiered,this man was U.S.President"时,沃森需要使用句法分析之类的技术对句子进行句法分解,然后确定"permiered"的语义后面关联的是一个日期;同时要对"60 Minutes"进行语义消歧,确定它指代的是某个电视节目而非具体的时间。在进行句法分析后,沃森最后需要根据确定的日期,推断当时在位的美国总统。

第六节　大规模真实文本处理

语料库（Corpus）指存储语言材料的仓库。人们提到的语料库是指经科学取样和加工的大规模电子文本库，其中存放的是在实际使用中真实出现过的语言材料。关于语料库，有三点基本认识：①语料库中存放的是在语言的实际使用中真实出现过的语言材料；②语料库是以电子计算机为载体承载语言知识的基础资源；③真实语料需要经过加工（分析和处理），才能成为有用的资源。

以 WordNet 为例来说明语料库中包括什么样的语义信息。WordNet 是1990 年由普林斯顿大学的 Miller 等人设计和构造的。一部 WordNet 词典有将近 95 600 个词形（51 500 个单词和 44 100 个搭配词）和 70 100 个词义，它分为五类：名词、动词、形容词、副词和虚词，按语义而不是按词性来组织词汇信息。在 WordNet 词典中，名词有 57 000 个，含有 48 800 个同义词集，分成 25 类文件，平均深度 12 层。最高层为根概念，不含有固有名词。WordNet 是按一定结构组织起来的语义类词典，主要特征表现为：①整个名词组成一个继承关系；②动词是一个语义网。

大规模真实文本处理的数学方法主要是统计方法，大规模的经过不同深度加工的真实文本的语料库的建设是基于统计性质的基础。如何设计语料库，如何对生语料进行不同深度的加工及加工语料的方法等，正是语料库语言学要深入进行研究的。

规模为几万、十几万甚至几十万的词，含有丰富信息（如包含词的搭配信息、文法信息等）的计算机可用词典，对自然语言的处理系统的作用是很明显的。采用什么样的词典结构，包含词的哪些信息，如何对词进行选择，如何以大规模语料为资料建立词典（即如何从大规模语料中获取词）等都需要进行深入研究。

对大规模汉语语料库的加工主要包括自动分词和标注，包括词性标注和词义标注。汉语自动分词的方法主要以基于词典的机械匹配分词方法为主，包括最大匹配法、逆向最大匹配法、逐词遍历匹配法、双向扫描法、设立切分标志法及最佳匹配法等。

词性标注就是在给定句子中判定每个词的文法范畴,确定其词性并加以标注的过程。词性标注的方法主要是兼类词的歧义排除方法。方法主要有两大类:一类是基于概率统计模型的词性标注方法;另一类是基于规则的词性标注方法。

词义标注是根据上下文对文本中的每个词给出语义编码,这个编码可以是词典释义文本中的某个义项号,也可以是义类词典中相应的义类编码。

世界各国对语料库和语言知识库的开发都投入了极大的关注。1979年,我国开始进行机读语料库建设,先后建成汉语现代文学作品语料库、现代汉语语料库、中学语文教材语料库和现代汉语词频统计语料库。

第七节 信息搜索

信息检索是指从文献集合中查找所需信息的程序和方法。传统信息检索概念称为信息索引,网络信息检索概念称为网络信息搜索。搜索引擎是一种用于帮助Internet用户查询信息的搜索工具,它以一定的策略在Internet中搜集、发现信息,对信息进行理解、提取、组织和处理,并为用户提供检索服务,达到信息导航的目的。

一、搜索引擎

搜索引擎是在万维网上查找信息的工具,为了实现协助用户在万维网上查找信息的目标,搜索引擎需要完成收集、组织、检索万维网上的信息并将检索结果反馈给用户这一系列的操作。

一般来说,完成信息搜索任务需要两个过程:一是在服务器方,也就是服务提供者对网络信息资源进行搜索、分析、标引的过程(称作信息标引过程);二是当用户方提出检索需求时,服务器方搜索自己的信息索引库,然后发送给用户的过程(称作提供检索过程)。

用户通过填写检索表达式页面反映自己的检索意向,向系统送交请求。系统答复后,用户可以根据具体情况,决定是否访问资源所在地。信息搜索引擎在整个信息检索过程中起到了指南和向导的作用,方便用户检索。对应以上两个过程,搜索引擎一般由以下四个部件组成。

①搜索器,功能是在互联网中漫游、发现和搜集信息。

②索引器,功能是理解搜索器所搜索的信息,从中抽取索引项,用于表示文档及生成文档的索引表。

③检索器,功能是根据用户输入的关键词在索引器形成的倒排表中进行查询,同时完成页面与查询之间的相关度评价,对将要输出的结果进行排序,并实现某种用户相关性反馈机制。

④用户接口,作用是输入用户查询、显示查询结果、提供用户相关性反馈机制。

搜索引擎系统由数据抓取子系统、内容索引子系统、链接结构分析子系统和信息查询子系统四个部分组成。

信息搜索模型是信息搜索系统的核心,它为有效获取信息提供了重要的理论支持。目前文本信息搜索的方法有:基于关键字匹配的检索方法,基于主题的搜索方法,启发式的智能搜索方法等。研究与开发文本信息搜索的技术重点是自动分词技术、自动摘要技术、信息的自动过滤技术、自然语言的理解识别技术。

搜索引擎可分为如下三类。

①一般搜索引擎,也是一般网民经常在网络上用到的搜索工具,通常分为三类:基于 Robot 的搜索引擎、分类目录搜索引擎及前两者相结合的搜索引擎。

②元搜索引擎,是对分布于网络的多种检索工具的全局控制机制,它通过一个统一用户界面帮助用户在多个搜索引擎中选择和利用合适的搜索引擎来实现检索操作。

③专题搜索引擎,针对特定领域专业或学科,服务对象是专业人员与研究人员。

搜索引擎的其他分类方法还有:按照自动化程度分为人工与自动引擎;按照是否具有智能功能分为智能与非智能引擎;按照搜索内容分为文本搜索引擎、语音搜索引擎、图形搜索引擎、视频搜索引擎等。

二、智能搜索引擎

未来搜索引擎的发展方向是采用基于人工智能技术的 Agent 技术,利用智能 Agent 的强大功能,实现网络搜索的系统化、高效化、全面化、精确化和完整化,并实现智能分析和评估检测,以满足网络用户的需求。

　　智能搜索引擎是结合人工智能技术的新一代搜索引擎。它将使信息检索从目前基于关键词层面提高到基于知识(概念)层面,对知识有一定的理解与处理能力,能够实现分词技术、同义词技术、概念搜索、短语识别及机器翻译技术等。智能搜索引擎允许用户采用自然语言进行信息的检索,为用户提供更方便、更确切的搜索服务。智能搜索引擎有以下三个方面的特征:①Robot技术向分布式、智能化方向发展;②人机接口的智能化,主要是通过提供更好的人机交互界面技术和关联式的综合搜索结果两方面来体现;③更精确的搜索,包括智能化搜索、个性化搜索、结构化搜索、垂直化专业领域搜索、本土化搜索等。

　　常用的智能搜索引擎技术包括自然语言理解技术、对称搜索技术、基于XML的技术。随着移动计算、社会计算和云计算等技术的发展,智能搜索引擎向移动搜索、社区化搜索、微博搜索和云搜索等方向发展。

第八节　机器翻译

　　机器翻译的过程就是由一个符号序列变换为另一个符号序列的过程。这种变换有三种基本模式。

　　第一种模式:直译式(一步式)。直接将特定的源语言翻译成目标语言,翻译过程主要表现为源语言单元(主要是词)被替换为目标语言单元,对语言的分析很少。

　　第二种模式:中间语言式(二步式)。先分析源语言,将其变换为某种中间语言形式,然后再从中间语言出发,生成目标语言。

　　第三种模式:转换式(三步式)。先分析源语言,形成某种形式的内部表示(如句法结构形式),然后将源语言的内部表示转换为目标语言对应的内部表示,最后由目标语言对应的内部表示生成目标语言。

　　三种模式构成了机器翻译的金字塔。塔底对应直译式,塔顶对应中间语言式,为翻译的两个极端;中间不同层次统称为转换式。金字塔最下层的直译式主要是基于词的翻译。在塔中,每上升一层,其分析更深一层,向"理解"更逼近一步,翻译的质量也更进一层;越往上逼近,处理的难度和复杂度也越大,出错及错误传播的机会也随之增加,这可能影响翻译质量。

基于人工知识的机器翻译方法。最典型的知识表示形式是规则,因此,基于规则的机器翻译(Rule Based Machine Translation,RBMT)也成为这类方法的代表。翻译规则包括源语言的分析规则,源语言的内部表示向目标语言内部表示的转换规则及目标语言的内部表示生成目标语言的规则。

基于学习的机器翻译方法。从实例库中寻找与待翻译的源语言单元最相似的例子,再对相应的目标语言单元进行调整。

基于统计模型的机器翻译方法。统计翻译模型是利用实例训练模型参数。统计机器翻译本质上是带参数的机器学习,与语言本身没有关系,因此模型适用于任意语言对,也方便迁移到不同应用领域。翻译知识都通过相同的训练方式对模型参数化,翻译也用相同的解码算法去推理实现。

统计机器翻译是目前主流的机器翻译方法。下面介绍基于词的统计机器翻译和基于短语的统计机器翻译。

一、基于词的统计机器翻译

IBM最早提出的五个翻译模型就是基于词的翻译模型(IBM模型),其基本思想是:①对于给定的大规模句子对齐的语料库,通过词语共现关系确定双语的词语对齐关系;②一旦得到了大规模语料库中的词语对齐关系,就可以得到一本带概率的翻译词典;③通过词语翻译概率和一些简单的词语调序概率,计算两个句子互为翻译的概率。

IBM模型通过利用给定的大规模语料库中的词语共现关系,自动计算句子之间的词语对齐关系,而不需要利用任何外部知识(如词典、规则等),同时可以达到较高的准确率,这比单纯使用词典的正确率要高得多。这种方法的原理,就是利用词语之间的共现关系。例如,已知以下两个句子对是互为翻译的:

$$AB \rightleftharpoons XY$$

$$AC \rightleftharpoons XZ$$

根据直觉,容易猜想A、X可以互为翻译,B、Y可以互为翻译,C、Z可以互为翻译。只是当有成千上万的句子对,每个句子中都有几十个词的时候,依靠人的直觉就不够了。IBM模型将人的这种直觉用数学公式定义出来,并给出了具体的实现算法,这种算法被称为EM算法。

通过IBM模型的训练,利用一个大规模双语语料库可以得到一部带概率的翻译词典。IBM模型也对词语调序建立了模型,但这种模型是完全不考虑结构的,因此对词语调序的刻画能力很弱。在基于词的翻译方法中,对词语调序起主要作用的还是语言模型。

在基于词的统计翻译模型下,解码的过程通常可以理解为一个搜索的过程,或者一个不断猜测的过程。这个过程大致如下:

第一步,猜测译文的第一个词是源文的哪一个词翻译过来的;第二步,猜测译文的第二个词应该是什么;第三步,猜测译文的第二个词是源文的哪一个词翻译过来的。以此类推,直到所有源文词语都翻译完。

在解码的过程中,要反复使用统计翻译模型和语言模型来计算各种可能的候选译文的概率,以避免搜索的范围过大。

IBM模型可以较好地计算词语之间互为翻译的概率,但由于没有采用任何句法结构和上下文信息,它对词语调序能力的刻画非常弱。由于词语翻译的时候没有考虑上下文词语的搭配,也经常会出现词语翻译错误的情况。

尽管作为一种基于词的统计翻译模型,IBM模型的性能已经被新型的翻译模型所超越,但作为一种大规模词语对齐的工具,IBM模型仍然在统计机器翻译研究中被广泛使用,而且不可或缺。

二、基于短语的统计机器翻译

目前,基于短语的统计翻译模型已经趋于成熟,其性能已经远远超过了基于词的统计翻译模型。这种模型建立在词语对齐的语料库的基础上,其中词语对齐的工作仍然要依靠IBM模型来实现。基于短语的统计翻译模型对于词语对齐是非常鲁棒的,即使词语对齐的效果不太好,但依然可以取得很好的性能。

基于短语的统计翻译模型原理是在词语对齐的语料库的基础上,搜索并记录所有的互为翻译的双语短语,并在整个语料库中统计这种双语短语的概率。

假设已经得到如下的两个词语对齐的片段(如图5-3所示)。

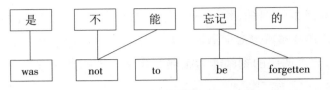

图5-3　汉英片段对齐

解码(翻译)的时候,只要将被翻译的句子与短语库中的源语言短语进行匹配,找出概率最大的短语组合,并适当调整目标短语的语序即可。

这种方法几乎就是一种机械的死记硬背式的方法。基于短语的统计翻译模型的性能远远超过了已有的基于实例的机器翻译系统。

第九节　语音识别

语音识别系统需要几个层次的处理。词语以声波的形式传送,声波也就是模拟信号,信号处理器传送模拟信号,并从中抽取诸如能量、频率等特征。这些特征映射为单个语音单元(音素)。单词的发音是由音素组成的,因此最终阶段是将"可能的"音素序列转换成单词序列。构成单词发音的独立单元是音素,音素可能由于上下文不同而发音不同。

语音的产生是将单词映射为音素序列,然后将之传送给语音合成器,单词的发音通过说话者从语音合成器发出。

一、信号处理

声波在空气压力下会发生变化。振幅和频率是声波的两个主要特征,振幅可以衡量某一时间点的空气压力,频率是振幅变化的速率。当对着麦克风讲话时,空气压力的变化会导致振动膜发生振荡,振荡的强度与空气压力(振幅)成正比,振动膜振荡的速率与压力变化的速率成正比,因此振动膜离开它的固定位置的偏移量就是振幅的度量。根据空气是压缩的或是膨胀的,振动膜的偏移可以被描述为正或负。偏离的幅度取决于当振动膜在正值与负值之间循环时,在哪一个时间点测量偏差值。这些度量值的获取称为采样。当声波被采样时,绘制一个 x-y 平面图,x 轴表示时间,y 轴表示振幅,每秒声波重复的次数为频率。每一次重复是一个周期,所以,频率为10意味着1秒内声波重复10次——每秒10个周期或表示为10 Hz。

声音的音量与功率的大小有关,与振幅的平方有关。用肉眼观察声波的波形得不到多少信息,只能看出元音与大多数辅音的差别,仅仅简单地看一下波形就确定一个音素是元音还是辅音是不可能的。从麦克风处捕获的数据包含了所需单词的信息,否则不可能将语音记录下来,并将其回放为可理解的语音。语音识别的要求是抽取那些能够帮助辨别单词的信息,这些信息应该很简洁而且易于进行计算。典型的,应该将信号分割成若干块,从块中抽取大量不连续的值,这些不连续的值通常称为特征。信号的每个块称为帧,为了保证落在帧边缘的重要信息不会丢失,应该使帧有重叠。

在语音识别中,常用线性预测编码(Linear Predictive Coding, LPC)的技术来抽取特征。傅立叶变换可用来在后一阶段中提取附加信息。LPC把信号的每个采样表示为前面采样的线性组合。预测需要对系数进行估计,系数估计可以通过使预测信号和附加真实信号之间的均方误差最小来实现。

综上所述,语音处理包括从一段连续声波中采样,将每个采样值量化,产生一个波的压缩数字化表示。采样值位于重叠的帧中,对于每一帧,抽取一个描述频谱内容的特征向量。然后,音素的可能性可通过每帧的向量来计算。

二、识别

声源被简化为特征集合后,下一个任务是识别这些特征所代表的单词,本节重点关注单个单词的识别。识别系统的输入是特征序列以帧为单位的特征序列构成语音识别系统的输入,而单词对应字母序。如果要分析一个大的单词库,就要识别某种字母序列比其他字母序列更有可能发生的模式。例如:字母y跟在ph后面出现的概率要大于跟在1后面出现的概率。马尔可夫模型是表示序列可能出现的一种方法。

任何序列生成的概率都可以计算出来,生成某个序列的概率就是生成该序列路径上的所有概率之积。

例如,对于序列"1 2 3 3 4",路径集合为:

$$1—2,2—3,3—3,3—4$$

概率为:

$$0.9*0.5*0.4*0.6=0.108$$

某些序列比其他序列生成的可能性更高。马尔可夫模型的关键假设是下一个状态只取决于当前状态。

在识别问题中,输入的是观察序列,而观察序列是由信号处理抽取得到的特征。不同的单词有不同的转移状态和概率,识别器的任务是确定哪一个单词模型是最可能的。因此,需要一种实现抽取路径的方法。

隐马尔可夫模型(Hidden Markov Model,HMM)是一种统计分析模型,创立于20世纪70年代。HMM的状态不能直接观察到,但能通过观测向量序列观察到。自20世纪80年代以来,HMM已成功地用于语音识别、行为识别、文字识别和移动通信核心技术"多用户的检测"。隐马尔可夫模型建立了单词特征及一个特征出现在另一个特征之后的概率模型,可用于状态不直接可见的识别问题。

第十节　自然语言处理原理的应用

近年来,自然语言处理在医学领域的应用已成为人工智能领域的研究热点之一。医学数据和文本的处理,是自然语言处理在医学领域最早的应用方向,如文本分类、信息提取、信息管理、人机交互问答、数据库建立等。具体如现在已成熟且广泛应用的UMLS(Unified Medical Language System)——统一医学语言系统,集成了150多种常用医学术语知识库,SNOMED是被广泛应用的临床医学术语知识库之一,还有MedLEE、MetaMap、cTAKES、MedEx、Knowledge Map等。随着技术的不断发展和进步,医学影像自动处理的研究已取得长足进步,通过应用初步的影像自动识别、处理、分类等技术,可以降低人工成本,提高处理效率,进而为医疗决策提供支持,其已被各大医院广泛采用。除此之外,在疾病的预测、辅助诊断和预后评估、新药开发、健康管理等领域,也已经大规模采用了自然语言处理技术。

一、自然语言处理在医学领域中的应用

(一)自然语言处理在医学报告中的应用

如今的医学领域受信息技术的影响较大,人们更多关注电子病历的开发及应用。在这种新型电子病历的开发过程中,结构化病历或专业表格的处理

被作为研究的重要方面之一。其中,结构化程度随着更多的结构化内容及更多病历覆盖内容的出现,逐渐被细化。

比如,近些年来,使得现代临床医学得以迅速发展的重要学科之一——内镜检查,其学科地位得到一定程度的提高,具体表现在三个方面:①内镜检查从过去的辅助检查变成如今的基础临床诊断手段之一;②内镜这一检查手段已经成为医学信息系统研究的热门对象;③电子病历中不能缺少的一部分是内镜检查报告。这种报告是极为重要的医学报告文书,可记录检查诊断治疗过程,意义非凡。

电子病历在实现结构化方面走在了前面,亦取得了不小的成就,不过,其中被应用最为广泛的是结构化表单录入,这种方式在自然语言表达中,并不能体现所有的语义信息。而制约电子病历结构化发展的关键性问题是医学术语的标准化,另外,不同医生具有不同的病历描述习惯,而且病案书写需语句通顺、合乎规范。其实电子病历在全领域内,还没有完整应用,它是具有一定培训基础的分类标准及体系,不过,在一些小的领域中出现了小范围的标准。比如 MST(Minimal Standard Terminology),是一套比较成熟的检查术语标准,被广泛应用于内镜检查,为内镜检查报告的结构化提供了一个良好的平台。所以,面对结构化表单的录入无法得到大众认可,甚至在自然语言表达中,尚不能达到所有语义信息的要求时,可通过自然语言处理技术使得内镜检查报告的结构化得以实现。为了实现报告的标准化及结构化,可基于内镜检查标准术语,通过分析纯文本进行操作。

1. 内镜检查报告的主要特点

从事医疗行业,每天都会通过看诊为病人诊断病症,还要书写大量的诊断报告,这就需要对医生进行上岗培训,并尽量统一书写病历的具体方式。但由于专业背景、个人经历、用词习惯等不同,内镜的检查报告有在以下局限:①用语不统一。医生自由录入诊断意见和检查所见,使得报告呈现出个人特点而非遵从统一标准;②查找费时费力。所谓的费时费力主要体现在计算机检索、查询文本数据时,容易出现统计错误及费时的情况,而根据医生的书写习惯,对于多个检查项目存在于一句话中时,则需将前后关系作为依据,从而判断检查项目所指;③共享困难。通常纯文本不仅无法共享数据,还不能通过计算机进行数据识别及处理;④没有上下文限制。

2. 内镜检查报告结构化的关键

想要进一步规范报告结构,必须使内镜检查报告中的词汇具有MST结构,具体可通过如下五个方面开展相应工作:①分词。为了方便在MST中找到对应的术语,可将报告中的字串转化成词串;②分词调整。切分MST标准术语,将非标准词汇转化为标准词汇;③归类。为MST术语表进行类型归类,明确每一类的职责;④定义关系。定义每个语义类型之间的语义关系,并表达MST中隐含的关系;⑤文本解析。在分词、归类和关系定义的基础上,定位每个词汇,使文本具有MST结构。

3. 方案设计

笔者基于现在结构化过程中存在的问题及内镜检查报告的特点,提出以自然语言处理技术为依据的结构化方法,这种方法促成了既有的较为成熟的自然语言处理技术成果的呈现,进而得出一种自然语言处理结构模型,该模型以内镜检查报告的特点为依据设计而成。可进行如下设计。

分词模块:分为初步处理和调整两个小模块,国内很多软件已经能够进行比较精准的原始切分,但常会囿于分词软件的局限性,使得分词结果并不完全适用于医学领域,所以做完这一步之后,需要进一步调整,以识别MST术语,达到非标准MST术语到标准MST术语的转化。

文本解析模块:在MST知识库的基础上,对分词得到的结果进行逐类型分析,并明确类型之间的语义关系,然后在符合MST标准的前提下,输出检查条目结果,找对应编码。

MST知识库:借鉴了统一医学语言系统中的关系数据库模型,该知识库涵盖了MST检查条目的编码及术语的层次关系、语义类型之间的语义关系定义、MST术语所属的语义类型定义、MST术语关系库及MST术语集。

专业词典:其中涉及常见的、非标准的MST词汇存留在MST标准术语中及内镜检查报告中,不过它们可以转化成MST标准术语中的词汇及词性。

人工干预模块:叙述性检查报告用语的灵活性取决于汉语的灵活性,不过在词典设计中,需通过创建学习引擎,不断学习及补充处理过程中的系统,然后借助自然语言处理技术,使得内镜检查报告可以结构化,同时分析标准及内镜检查报告的特点,可谓工程艰巨。

（二）自然语言处理在医学影像中的应用

医学影像报告是电子健康档案（EHR）的重要组成部分。在EHR中出现的医学影像报告，主要由自由文本构成，非机构性数据对信息的提取和利用产生了不利的影响。另外，在人工提取报告信息的过程中，容易出现操作难的现象，因此，若想快速提取报告中的信息，可以应用自然语言处理技术。根据不同的提取对象，自然语言处理可用于以下实际操作中的信息分析。

1. 患者个体信息分析

对患者个体的影像信息进行有针对性的提示，可以大大减轻医生的负担。

（1）提示危重信息：通过自然语言处理对医学影像报告中所描述的、可能导致严重后果的影像征象进行检查，并将检查结果提供给医生，使其注意对该患者的治疗方法。如今可通过自然语言处理检查出的症状包括血栓栓塞性疾病及各类潜在恶性病变等。

（2）提示随访建议：对于需要进行后续操作的内容，可在自然语言处理检出报告中自动生成随访建议，提示后续检查或治疗。

（3）提示可能出现的错误：可对报告中可能为误读、误判或误操作的地方进行相应提示，使得逻辑矛盾的内容得以明确检出。

2. 患者群体信息分析

提取和分析患者群体影像诊断信息，构建患者队列，并应用于流行病学研究、行政管理等。

（1）流行病学研究队列的构建：通过自然语言处理可高效分析患者群体的影像报告，从而得出患者群体的特征性数据。对于流行病学研究患者队列的构建，可以使用传统方法，通过投入人力及时间对病例进行筛选，此外，流行病学研究效率可借助自然语言处理进行提高，从而为循证医学研究提供帮助。

（2）对社区群体的公共卫生情况进行监控：采用自然语言处理对区域健康情况进行评估。为了对公共健康水平进行监控，并展开决策分析，可通过从图像中提取的群体自然语言处理特征值和其他结构化电子病历数据来实现。

3. 医学影像流程信息分析

改进及评价医学影像报告质量，可通过提取及分析医学影像流程信息来实现，具体如下。

（1）报告质量评价和报告规范的建立：自然语言处理可以自动分析大量影

像数据及反映日常影像科的工作运行情况;对影像报告进行判断,从而得出是否符合相关指南或诊断规则的结论;对医学影像学的流程和质量指标进行识别。如今看来,评价报告的完整性和规范性可由自然语言处理系统实现,同时推断报告信息能否用于对疾病的诊断、能否给出正确合理的治疗建议及是否能及时进行危急情况的预警。借助自然语言处理结果,可促进报告规范的建立。

（2）影像检查全流程的改进:通过自然语言处理分析各类影像的综合信息,关联全面的临床信息及报告中的检查结果和建议等,比如申请医生及患者类型(住院或门诊)、性别、申请科室、检查适应证、疾病种类、患者年龄等。经过分析及验证大规模的数据,可得到预测模型,从而得出临床决策支持系统(CDSS),使其适用于本地情况,该系统可应用于计算机化医生医嘱录入系统(CPOE)中,从而高质量、高效率及标准化地管理影像检查申请、临床应用及结束的全过程。

（3）自然语言处理技术的发展日新月异,在医学领域,它不仅改变了医学工作者的工作模式,更有价值的是它开启了从源头利用医疗原始数据的新时代,进而使早期的精确识别向如今的模糊识别发展。在此基础上,医疗数据信息在录入后的自动导出和分类展示,基于人机交互的问诊系统开发、临床评分等,都使自然语言处理技术在医学领域的地位越来越重要。随着技术的不断完善,系统经过对医学数据的深度学习,也必将推动自然语言处理在医学领域中的应用越来越深入,从现在的辅助"展示"阶段、代替处理阶段至将来的"发现"并进行"预警"阶段,这是医学领域发展的重大变革。

二、自然语言处理在教育领域中的应用

与医学领域类似,人工智能也能在教育领域大显身手。奇点大学创始人Peter Diamandis 曾表示,在将来,世界上最好的教育将不再来自学校,而是人工智能。因为它能根据学生自身的特点,比如学习能力、兴趣爱好,研发合理的教育模式,提供合适的教育方案。

人工智能在教育领域的典型应用便是自适应学习(Adaptive Learning),通俗地讲,就是因材施教、个性化学习模式。比如,阅读平台 Newsela 能够根据读者的年龄及阅读水平提供难易程度不同的新闻内容,提高读者的学习效率。自适应学习平台 Knewton,覆盖 K12、高等教育及职业发展领域,具备课程推荐、

课程内容评估、学生学习状态和水平评估等多项功能。在外语学习方面,比较有代表性的中国英语教育平台——英语流利说,能够综合语音识别、语音合成、文本处理等多种技术,为用户订制专属的AI教师。

在儿童早教领域,人工智能的应用也很广泛,很多公司都推出了儿童早教机,综合了讲故事、放音乐、知识互动等功能,可以达到趣味陪伴、寓教于乐的效果。目前国内比较主流的儿童陪伴机器人有巴巴腾机器人、智伴机器人、科大讯飞阿尔法超能蛋、未来小七等。但是很多机器人还存在语音识别不准、语义理解不准、功能比较单一等缺陷,要能够真正达到情感陪伴和知识教育的目的还需要更多的探索。

对于教育工作者而言,备课、上课只是工作的一部分,除此之外,还有对作业或者试卷的批改与指导。从技术实现角度而言,针对客观题,比如选择题、填空题等答案固定的题目实现自动化批改并不难。对于主观题,比如作文,就涉及自然语言处理技术了,很多公司都推出了针对作文的自动批改系统。2017年,浙江外国语学院引进阿里AI批改中文试卷,阿里AI能够几秒内在作文上标出错词、乱序、缺词、多词的中文错误,准确率和速度令教师们望而兴叹。当然,目前大多数批改系统仅停留在对语法错误的指正上,对于文章本身内容的评估,涉及对语义的深度理解,便不是那么容易的事情了。

以上只是在教育领域应用人工智能的几个典型场景。在我国,这两者的结合还处于刚刚起步的阶段,还有更多的技术及应用场景值得教育工作者及人工智能工作者联合探究。

三、自然语言处理在媒体领域中的应用

在2018年底的第五届世界互联网大会上,新华社联合搜狗发布了全球首个AI合成主播,该主播形象、气质、音色俱佳,能够达到以假乱真的效果,引起了广泛关注。据称,这位AI合成主播综合了语音处理、图像处理及自然语言处理等多项技术,能够24小时不间断地实时输出音频合成的画面。人工智能在媒体行业的应用可见一斑。事实上,人工智能确实在整个媒体行业的各个流程中都产生了极大影响。

首先在内容生产上,AI不仅可以参与筛选、校对、编辑等基础工作,甚至还能自动编写新闻稿件。早在2010年,Narrative Science公司便推出了写作软件,该软件能根据少量的信息撰写出有故事、有情节的内容。之后,很多大媒体公

司都开始了 AI 写作的尝试。美国联合通讯社开发了一款能够自动生成企业财报的系统,效率是人类编辑的十倍。

华盛顿邮报的写稿机器人 Heliograf 能够获取其他新闻媒介上的结构化信息并整合成短消息的形式发布。在国内,比较有代表性的有今日头条的新闻机器人 Xiaomingbot,其从信息搜集到完成发布一篇文章只需两秒,写作范围覆盖了体育、娱乐、文化、财经等多个领域。

另外,第一财经的 DT 稿王、腾讯财经的 Dream writer、新华社的快笔小新都是结合了人工智能的机器写手。当然,以目前的水平来看,与人类相比,机器人在文章创作方面存在诸多缺陷,比如文章缺少重点与亮点、概括及提炼能力不足等。

在内容的分发方式上,智能推荐早已渗透到了各种手机应用中。通过分析用户转发、评论、点赞等行为对用户进行画像,可以满足用户的个性化需求,推送用户想看的内容,极大地提高用户黏性。比如美国有线电视新闻网、《华尔街日报》应用新闻聊天机器人为读者推荐新闻,国内绝大多数新闻应用程序都采用了智能推荐的推送方式。通过人工智能技术还能预测文章的推广效应,筛选潜在的爆款文章,比如《纽约时报》的机器人编辑 Blossomblot,发布的文章点击量是普通文章的四十倍左右。

但是,作为传播信息的媒介,"媒体+人工智能"的诸多应用应当引起人们的高度警惕。如果有人恶意利用机器写手,大量制造并且传播假新闻,使得网上充斥各种虚假信息,将会影响整个社会的稳定。因此,也有人开始尝试应用 AI 技术识别假新闻,比如麻省理工学院计算机科学与人工智能实验室与卡塔尔计算研究所在 2018 年 10 月宣布要打造一个识别虚假新闻的系统。

再回到智能推荐的问题上,每天只能接触系统根据个人喜好推荐的,或者说个人想看到的内容,是否真是一件好事?这样也许会造成信息越来越多、世界越来越小的窘境。打个比方,你偶然点赞了一篇养生的文章,上面说"土豆不能与鸡蛋同吃",此后便总是接收到一些类似的文章,久而久之,潜移默化地,你便真的相信土豆不能与鸡蛋同吃。从某种意义上来说,这样选择性地推送信息很可能会只呈现你愿意相信的东西,使人局限在特定环境中,形成信息孤岛。

四、自然语言处理在金融领域中的应用

金融行业本身积累了大量数据并且信息化程度较高,通过适当的大数据

处理技术便能将大量数据转化为结构化数据,再以机器学习等技术及合适的场景为驱动力,便能够分析并应用这些数据,使其成为宝贵的资源。目前,一些互联网巨头、人工智能科技公司及传统金融机构通过自主研发或开展合作的手段,尝试着将人工智能技术与金融相结合。

很多传统银行纷纷将具体业务与AI相结合,试着升级为智慧型银行,比如智能客服能够满足大量客户的基本咨询需求,而且能够大幅度降低人工成本。另外,银行与客户之间的通话数据中也有很多值得挖掘的信息,可以发现潜在客户。

另外一个比较受金融机构欢迎的应用为智能理财顾问,它能够通过对用户基本情况的评估,比如风险偏好、财务状况、投资目标等,给用户推荐合适的理财产品。2016年,广发基金首先推出了基于人工智能技术的"基智理财"产品,此后,招商银行、长江证券、民生证券等也纷纷开始布局智能理财顾问系统。

通过处理数据、分析并生成投资决策的过程叫智能投研。在传统方法中,需要大量的专业知识及繁杂的程序才能生成调研报告,再进行分析并做出相关决策,效率不高。在此方面,国内外很多企业都开始利用人工智能技术,尤其是自然语言处理替代人工完成任务,具体包括实体提取、关系抽取、智能搜索、文本探究、自动生成报告、自动生成摘要、知识图谱等多项技术。比如,Palantir Metropolis能够整合多个平台的数据,为公司构建动态知识图谱。而在传统方法中,这可能需要一个调研团队,而且需要不断手动更新。Dataminr可以搜集并分析一些实时经济事件并预测相应的结果,比如对股市、房价等的影响。文因互联能够提供自动化研报摘要、自动化分析财务报表、金融数据挖掘等一系列智能服务,辅助公司快速决策。

除以上所述的几个方面外,在保险等领域,人工智能也开始大显身手。总体而言,市场对"AI+金融"持续看好并且处于踊跃尝试阶段,人工智能技术对金融领域很多业务的发展起了相当大的推动作用,在未来可能会有更深层次的渗透。

五、自然语言处理在法律领域中的应用

在法律领域,沉淀了大量法律文本,比如起诉书、判决书、案件记录、庭审记录等,应用人工智能技术可以把这些文本转化为宝贵的资源。如今,人工智

能在法律、司法领域的应用越来越广泛、深入。

对于当事人而言,通过智能平台进行咨询效率高、费用低,而且服务流程一体化,包括案情咨询、相似案例参考、律师推荐、相关建议等项目。对于法律工作者而言,文书工作繁杂,而且很多时候需要手动寻找历史相似案件进行参考比照。通过人工智能技术辅助文本处理及自动化历史相似案件推荐,可以极大地提高工作效率,制订更好的诉讼及辩护策略。对于法院来说,人工智能也可以应用到文书处理的各个流程,比如起诉书、判决书、庭审记录自动生成等,减轻相关工作人员的工作负担。

针对以上三大类用户群体,很多创业公司及大公司开始研发及布局智能法律服务系统。目前应用比较广泛的是智能咨询类产品,比如法狗狗、律品等,可以为用户提供法律咨询及律师推荐服务。但是这些智能咨询类产品能提供的还只是比较基础、简单的咨询服务,并不能达到人类律师的专业分析水平。

对律师而言,应用比较多的则是信息查找类工具,比如根据关键词或者少量信息搜索历史相似案件、相关法律条文等。提供此类服务的典型平台有元典智库、法律谷等。还有一类产品的应用目标在于案情分析及判决结果预测,对于智能技术要求较高,国内还没有出现比较有代表性的产品。国外的Case-Crunch、Lex Machina等公司能够提供此类服务,而且效果良好。其中,Case-Crunch表示,在一项经济案件预判挑战赛上,CaseCrunch的预测成功率远高于人类律师。这个案例说明机器在某些特定条件下也能充当律师或法官的角色,法律与AI的结合大有前景。

目前国内法律与AI的结合尚处于起步阶段,很多智能产品提供的服务仅是语音转文字、智能查找、信息提取等。在数据方面,缺少结构化的标签数据,并且对应同一案件不同流程的文书分布在各个机构,难以统合。法律体系本身十分复杂,在不同地区或者不同情境下会有所区别,比如在不同的国家,偷盗相同数额的财物,面临的刑罚很可能不一致,所以想利用人工智能对案情进行分析及结果预判,需要机器具备强大的情景分析及专业的法律应用等能力。除了技术上的高要求以外,由于法律领域的专业程度很高,法律与AI的深度结合还需要精通这两方面知识的综合型人才的参与及推动。

参考文献

[1]白雄文,王红艳,孙宇,等.基于人工智能的自然语言处理技术分析[J].电子技术,2021,50(1):176-177.

[2]陈碧鹏.分数阶深度神经网络的优化及其应用研究[D].杭州:杭州电子科技大学,2022.

[3]陈少飞,苏炯铭,项凤涛.人工智能与博弈对抗[M].北京:科学出版社,2023.

[4]程文俊.人工智能技术伦理问题研究——基于机器伦理视角[D].郑州:中原工学院,2020.

[5]高崇.数学自然语言处理中的关键技术研究及实现[D].成都:电子科技大学,2021.

[6]谷宇.人工智能基础[M].北京:机械工业出版社,2022.

[7]郭军.信息搜索与人工智能[M].北京:北京邮电大学出版社,2022.

[8]贺志朋.人工智能与机器学习技术在智慧城市中的应用[J].无线互联科技,2022,19(7):103-104.

[9]李冰洁.人工智能技术对人类社会发展的影响研究[D].西安:陕西师范大学,2021.

[10]李建平,林凤,郎家文.人工智能与智能经济[M].成都:电子科技大学出版社,2021.

[11]林俊宇.基于机器学习的智能视频监控技术研究与应用[D].成都:西南交通大学,2020.

[12]卢盛荣.人工智能与计算机基础[M].北京:北京邮电大学出版社,2022.

[13]马贤.基于FPGA的前馈人工神经网络的硬件实现[D].武汉:华中科技大学,2021.

[14]莫宏伟,徐立芳.人工智能伦理导论[M].西安:西安电子科技大学出版

社,2022.

[15]钱玲.人工智能技术风险研究[D].南昌:南昌大学,2018.

[16]乔楚潇.文本与数据挖掘合理使用研究[D].呼和浩特:内蒙古大学,2022.

[17]任世冲.基于人工神经网络的OD反推方法研究[D].石家庄:石家庄铁道大学,2020.

[18]申时凯,余玉梅.人工智能时代智能感知技术应用研究[M].长春:吉林大学出版社,2023.

[19]舒炫煜.人工神经网络仿生度评估及优化研究[D].长沙:湖南师范大学,2020.

[20]孙平,唐非,张迪.人工智能基础及应用(微课版)[M].北京:清华大学出版社,2022.

[21]王润华,张武军.人工智能法律分析[M].北京:知识产权出版社,2023.

[22]王万良,王铮.人工智能应用教程[M].北京:清华大学出版社,2023.

[23]王祎,贾文雅,尹雪婷,等.人工神经网络的发展及展望[J].智能城市,2021,7(8):12-13.

[24]吴戈.人工智能视域下语义问题研究[D].长春:吉林大学,2021.

[25]徐蕾.人工智能技术范式的演进及思考[D].徐州:中国矿业大学,2018.

[26]徐卫克.基于人工智能的自然语言处理系统分析[J].网络安全技术与应用,2023(7):49-51.

[27]徐延民.人工智能技术的多维审视[D].上海:上海财经大学,2021.

[28]续婷.基于群智能算法与机器学习的预测与分类研究[D].太原:中北大学,2021.

[29]衣美琪.人工智能审判研究[D].哈尔滨:黑龙江大学,2022.

[30]袁红春,梅海彬,张天蛟,等.人工智能应用与开发[M].上海:上海交通大学出版社,2022.

[31]张驰,郭媛,黎明.人工神经网络模型发展及应用综述[J].计算机工程与应用,2021,57(11):57-69.

[32]赵崇文.人工神经网络综述[J].山西电子技术,2020(3):94-96.

[33]郑轲心.基于人工智能的机器学习在医疗中的应用[J].数字通信世界,

2022(9):103-105.

[34]仲启玉.数据驱动的计算机领域主题知识挖掘[D].广州:广州大学,2022.

[35]祝凌云.人工神经网络研究与分析[J].科技传播,2019,11(12):120-122.